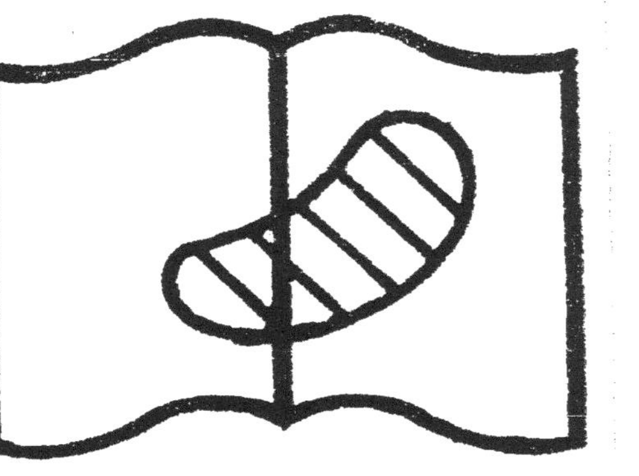

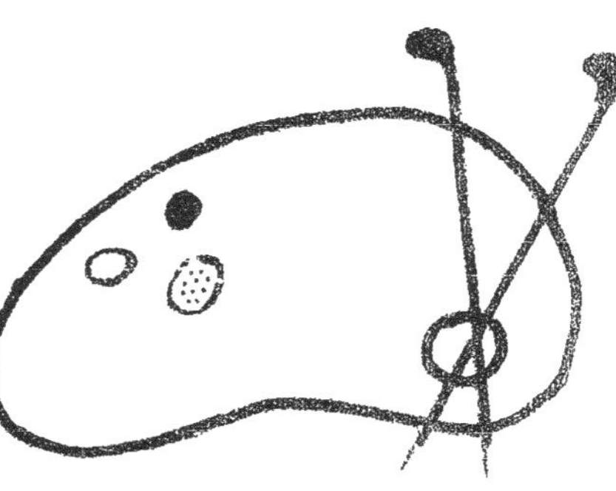

AF455952

TRAITÉ

D'ARISTARQUE

DE SAMOS,

SUR LES GRANDEURS ET LES DISTANCES

DU SOLEIL ET DE LA LUNE.

AVERTISSEMENT.

Ceux qui ont le texte grec avec une version latine et des notes, publié à Paris, en 1810, sans l'aveu de l'auteur, pourront y joindre cette traduction qui complètera l'ouvrage, et dont les planches leur sont absolument nécessaires pour lire le texte.

TRAITÉ D'ARISTARQUE DE SAMOS,

SUR LES GRANDEURS ET LES DISTANCES

DU SOLEIL ET DE LA LUNE.

TRADUIT EN FRANÇAIS, POUR LA PREMIÈRE FOIS,

PAR M. LE COMTE DE FORTIA D'URBAN,

MEMBRE DE PLUSIEURS ACADÉMIES ET SOCIÉTÉS LITTÉRAIRES.

PARIS,

FIRMIN DIDOT PÈRE ET FILS, LIBRAIRES,

RUE JACOB, N° 24.

DE L'IMPRIMERIE DE FIRMIN DIDOT.

M DCCC XXIII.

PRÉFACE[1].

Le texte de l'ouvrage d'Aristarque de Samos, que j'avais revu sur huit manuscrits de la bibliothèque du Roi, et que j'avais fait imprimer en France où il n'avait point encore été publié, avec des scholies absolument inédits, ayant été mis en vente sans mon autorisation, a paru d'une manière presque ridicule. On y trouve citées à toutes les pages, des planches que j'avais fait graver, mais que des circonstances fâcheuses ont fait disparaître pendant mon séjour en Italie. Je vais tâcher d'y suppléer par la publication de cette traduction qui sera accom

(1) Les principes de l'ortographe suivie dans cet ouvrage, ont été exposés par l'auteur au commencement de la seconde édition de son *Nouveau sistème de Bibliographie Alfabétique*; Paris, 1822.

pagnée de nouvelles planches où j'ai fait graver les lettres grecques pour ceux qui voudront joindre cette traduction au texte. Il y aura conséquemment deux lettres pour chaque point, et afin de les reconnaître facilement, je donnerai ici le tableau de la correspondance des unes aux autres :

A, α.
B, β.
C, γ.
D, δ.
E, ε.
F, ζ.
G, η.
H, θ.
I, ι.
J, n'est accompagné d'aucune lettre grecque.
K, κ.
L, λ.
M, μ.
N, ν.
O, ο.
P, π.
Q, étant employé rarement, est rapporté à κ, comme K.

R, ρ.
S, σ.
T, τ.
U, n'est pas employé dans cette traduction, et V doit lui être substitué dans le texte.
V, φ.
X, ξ.
Y, υ.

Je donnerai d'abord l'ouvrage d'Aristarque de Samos, tel qu'il nous est parvenu; je traduirai ensuite les scholies, suivant ainsi l'ordre observé pour l'impression du texte grec. J'avertis que les démonstrations d'Aristarque s'appuient sur la Géométrie d'Euclides, qu'il suppose connue de ses lecteurs.

Paris, 2 avril 1823.

LE COMTE DE FORTIA D'URBAN.

TRADUCTION

DE L'OUVRAGE

D'ARISTARQUE DE SAMOS,

SUR LES GRANDEURS ET LES DISTANCES

DU SOLEIL ET DE LA LUNE.

HIPOTHÈSES D'ARISTARQUE.

1. La lune reçoit sa lumière du soleil.

2. La terre peut être considérée comme un point, et comme le centre de l'orbite de la lune.

3. Lorsque la lune nous paraît *dikhotome* (coupée en deux portions égales), elle offre à nos regards son grand cercle, qui détermine la partie éclairée et la partie obscure de cet astre.

4. Lorsque la lune nous paraît dikhotome, sa distance du soleil est moindre du quart de la circonférence, de la trentième partie de ce quart.

5. La largeur de l'ombre est de deux lunes.

6. L'arc soutendu dans le ciel par la lune est la quinzième partie d'un signe.

En admettant ces six hipothèses, il en résulte que la distance du soleil à la terre est plus grande que dix-huit fois la distance de la lune, mais qu'elle est moindre que vingt fois cette distance; et que le diamètre du soleil est en même rapport avec le diamètre de la lune: ce qui se prouve par la position de la lune vers sa dikhotomie. Mais la proportion du diamètre du soleil à celui de la lune est plus grande que celle de 19 à 3, et plus petite que celle de 43 à 6. On le démontre par le rapport des distances, par la position autour de l'ombre, et parce que l'arc soutendu par la lune est la quinzième partie d'un signe.

PROPOSITION I.

Deux sphères égales peuvent toujours être comprises par un cilindre; inégales par un cône dont le sommet se trouvera du côté de la plus petite sphère; et la ligne droite, tirée par le centre de ces sphères, est perpendiculaire à chacun des deux cercles dans lesquels la surface du cilindre ou du cône touche les sphères.

Soient d'abord deux sphères égales (*fig.* 1), dont les centres soient A et B, et soit prolongée la ligne AB qui joint ces centres (jusqu'à ce qu'elle rencontre la surface de chaque sphère aux points K, L); par cette ligne AB, soit tracé un plan qui coupe les sphères de manière à ce que les deux sections soient deux grands cercles; que ces deux cercles soient CDE, FGH, et que, par les points A et B, on mène à la ligne AB les deux diamètres perpendiculaires CAE, FBH; enfin, soit tirée la ligne CF. Puisque les rayons AC et BF sont égaux et parallèles, les lignes CF et AB seront aussi égales et parallèles, et ABFC sera un parallélogramme où les angles formés sur la ligne CF seront droits (Euclides, liv. 1, propos. 34). Donc la droite CF touchera les cercles CDEK, FGHL (Euclides, liv. 3, propos. 16). Or, si AB restant immobile, le parallélogramme AF et les demi-cercles KCD, GFL font une révolution autour de cette ligne AB, jusqu'à ce qu'ils soient retournés au lieu duquel ils ont commencé à se mouvoir, les demi-cercles KCD, GFL décriront dans ce mouvement deux sphères, et le parallélogramme un cilindre (Euclides, liv. 11, défin. 21), qui aura pour base les cercles décrits par les diamètres CE, FH; et ces cercles seront perpendiculaires sur cette ligne AB, puisque, dans tout leur mouvement circulaire, les lignes CE, FH resteront perpendiculaires sur cette même ligne AB. Il est clair aussi que la surface du cilindre sera tangente à celle des deux sphères, puisque CF, dans tout son mouvement circulaire, sera tangente aux demi-cercles KCD, GFL.

PROPOSITION II.

Soient à présent (*fig.* 2) deux sphères inégales dont les centres soient A et B; et soit la plus grande celle dont le centre est A: je dis que ces sphères seront comprises dans un même cône qui aura son sommet du côté de la plus petite sphère.

Soit tirée la ligne AB qui joindra les deux centres, et que par cette ligne on trace un plan qui formera dans les sphères deux sections, lesquelles seront deux cercles: que ces cercles soient CDE, FGH; certainement le cercle CDE sera plus grand que le cercle FGH. Le rayon tiré du centre du cercle CDE sera conséquemment plus grand que celui tracé du centre du cercle FGH. Ainsi l'on pourra trouver un point tel que K, qui sera choisi de sorte que le rayon du cercle CDE soit à celui du cercle FGH, comme AK est à BK. Que ce point soit déterminé, et qu'il soit K. Que l'on mène par ce point K la ligne FK tangente au cercle FGH, et que l'on tire le rayon BF; qu'ensuite par le centre A on mène AC parallèle à BF, et que l'on tire la ligne CF. Puisque AK : BK :: AD : BN, et que AD est égal à AC, et BN à

BF, on aura AK : BK :: AC : BF, et AC sera parallèle à BF. La ligne CFK est donc une seule ligne droite. Mais l'angle BFK est droit (Eucl., liv. 3, propos. 18); donc l'angle ACK le sera aussi (Eucl., liv. 3, propos. 17). J'abaisse CL et FM perpendiculaires sur AB. Si donc KX demeurant immobile, les demi-cercles DCX, GFN, et les triangles CLK, FKM font une révolution complète autour de cette ligne KX, jusqu'à ce qu'ils se retrouvent au même lieu où leur mouvement a commencé, les demi-cercles DCX, GFN auront décrit des sphères, et les triangles CLK, FKM des cônes (Eucl., liv. 11, défin. 18), dont les bases seront les cercles qui auront pour diamètres CE, FH. Ces cercles seront perpendiculaires sur l'axe KL, et les points L et M seront leurs centres. Quant au cône, il touchera les surfaces des sphères, puisque la ligne CFK, dans tout son mouvement circulaire, touchera les demi-cercles DCX, GFN.

PROPOSITION III.

Si une sphère est éclairée par une sphère plus grande, sa partie éclairée sera plus grande que sa moitié.

Soit en effet (*fig.* 2) la sphère dont le centre est B, éclairée par une sphère plus grande dont le centre est A; puisque les deux sphères inégales peuvent être comprises par un même cône ayant son sommet du côté de la plus petite (prop. II), soit construit un cône qui les comprenne, et soit mené un plan quelconque par l'axe; il aura pour sections dans les sphères deux cercles, et dans le cône un triangle. Que ces sections soient pour les sphères les cercles CDE, FGH, et pour le cône le triangle CEK; il est clair que la portion de sphère qui a été décrite par la portion de cercle dont la circonférence est FGH, et qui a pour base le cercle décrit autour du diamètre par la ligne FH, sera la partie éclairée par la portion de sphère qu'a décrite la portion de cercle dont la circonférence est CDE, et qui a pour base le cercle décrit autour du diamètre par la ligne CE, cercle qui est perpendiculaire sur l'axe AB: car l'arc de cercle FGH est éclairé par l'arc de cercle CDE, puisque les rayons (1) qui joignent leurs extrémités sont CF, EH, et le centre de la sphère B est dans le segment de cercle FGH; c'est pourquoi la partie éclairée de

(1) On observera qu'ici *rayon* ne veut pas dire *rayon de cercle*, mais *rayon de lumière*, partant de la grande sphère: géométriquement parlant, ce sont des tangentes. Les Grecs désignaient autrement le rayon du cercle, ainsi qu'on le verra dans la note suivante.

la sphère est plus grande que la moitié de cette sphère.

PROPOSITION IV.

Dans la lune, le plus petit cercle possible sépare la partie obscure de la partie éclairée, lorsque le cône, qui comprend le soleil et la lune, a son sommet à notre vue.

Soit en effet (*fig.* 3) notre vue au point A, et B le centre du soleil; soit C le centre de la lune, lorsque le cône qui comprend le soleil et la lune, a son sommet à notre vue; soit D ce même centre, lorsque le sommet du cône se trouve dans un autre lieu. Il est clair que les points A, C, B se trouveront sur une même ligne droite AB. Par cette ligne AB et le centre D, je trace un plan qui aura pour section, dans les deux sphères, deux cercles, et, dans les deux cônes, deux triangles; que cette section, dans l'orbite où se meut le cercle de la lune, soit aussi un cercle tel que CD, il est certain que A sera le centre de ce cercle, puisque c'est une de nos hipothèses (savoir la seconde). Que la section faite dans la sphère du soleil, soit le cercle EFR; et HKL dans celle de la lune, lorsque le cône qui comprend le soleil et la lune a son sommet dans notre œil; quand il ne l'a pas, que cette section soit MNX. Que cette section fasse enfin dans les cônes les droites AE, AG, OP, OR, et les axes AB, BO. On aura donc cette proportion : comme le rayon (1) du cercle EFG est à celui du cercle HKL, ainsi celui du cercle EFG est à celui du cercle MNX; mais le rayon du cercle EFG est à celui du cercle HKL comme AB est à AC (2); et le rayon du cercle EFG est à celui du cercle MNX, comme BO est à DO: donc AB est à AC comme BO est à DO. *Dividendo*, je trouve BC:AC :: BD:DO. *Permutando*, il vient BC:BD :: AC:DO. Or BC est plus petit que BD, puisque A est le centre du cercle CD; donc AC est moindre que DO, et le cercle HKL est égal au cercle MNX. Le lemme (3) prouve que HL est plus petit que MX. C'est pourquoi le cercle décrit autour du diamètre HL, qui est perpendiculaire sur la ligne AB, est moindre que le cercle décrit sur le diamètre MX qui est perpendiculaire sur BO. Mais le cercle dont le diamètre est HL, étant perpendiculaire sur AB, est celui qui détermine dans la lune la partie obscure et la partie éclairée, lors-

(1) Mot à mot, *la ligne partant du centre* du cercle. Les Grecs désignaient ainsi le rayon d'un cercle : c'est ce qu'on verra mieux encore dans le scholie 11 ci-après.

(2) Cette proposition est démontrée par le scholie 11.

(3) Ce lemme est le scholie 13 que l'on trouvera ci-après.

que le cône qui comprend le soleil et la lune a son sommet dans notre œil; et le cercle construit sur le diamètre MX, étant perpendiculaire sur BO, détermine dans la lune la partie obscure et la partie éclairée, lorsque le cône qui comprend le soleil et la lune a son sommet hors de notre œil. Ainsi le cercle qui détermine dans la lune la partie obscure et la partie éclairée, est moindre lorsque le cône qui comprend le soleil et la lune a son sommet dans notre œil.

PROPOSITION V.

Le cercle, qui détermine dans la lune la partie obscure et la partie éclairée, ne diffère pas d'un grand cercle de la lune, quant à l'apparence.

Soit en effet (*fig.* 4) notre œil placé au point A, et soit B le centre de la lune. Que l'on tire la ligne AB, et que l'on mène par cette ligne AB un plan qui aura pour section un grand cercle de la sphère de la lune; que ce cercle soit ECGDF, et que les sections dans le cône (qui a son sommet à notre œil, et qui comprend la lune,) soient les lignes droites AC, AD, CD: le cercle qui sera formé par la révolution de CD, prise pour diamètre perpendiculairement sur la ligne AB, sera celui qui déterminera la partie obscure et la partie éclairée de la lune. Je dis qu'il ne diffère pas d'un grand cercle de la lune, quant à l'apparence. En effet, soit mené par le centre B le diamètre EF parallèlement à CD, et que l'arc DF soit partagé en deux parties égales dont chacune sera portée des deux côtés du point G en K et en H; enfin que l'on tire les lignes BK, BH, AK, AH, BD. Puis donc que nous avons supposé (hipothèse 6) que la lune avait pour soutendante la quinzième partie d'un signe, l'angle CAD consistera dans la quinzième partie d'un signe. Or, la quinzième partie d'un signe est la cent quatre-vingtième de tout le zodiaque; CAD sera donc la cent quatre-vingtième partie de quatre angles droits, ou la quarante-cinquième partie d'un angle droit. BAD n'en est que la moitié; ainsi cet angle BAD est d'un degré. L'angle ADB étant droit, l'angle BAD aura, avec la moitié d'un angle droit, une proportion plus grande que celle de BD à AD. C'est pourquoi BD est moindre que la quarante-cinquième partie de AD; ainsi BG sera beaucoup moindre que la quarante-cinquième partie de AB. *Dividendo*, BG sera moindre que la quarante-quatrième partie de AG. Donc aussi BH est beaucoup moindre que la quarante-quatrième partie de AH: or BH est à AH dans une plus grande proportion que l'angle BAH à l'angle ABH; ainsi l'angle BAH est plus petit que la quarante-quatrième partie de l'angle ABH. L'angle HAK est double de l'angle BAH, et l'angle HBK est double de l'angle ABH; ainsi l'angle HAK est moindre que la quarante-quatrième partie de l'angle HBK. Mais l'angle HBK est égal à l'angle DBF, c'est-à-dire à l'angle BDC ou à l'angle BAD; ainsi l'angle HAK sera moindre que la quarante-quatrième partie de l'angle BAD : or j'ai prouvé que l'angle BAD est d'un degré. Ainsi l'angle HAK sera moindre que la trois mille neuf cent soixantième partie d'un angle droit. Or, une grandeur vue sous un angle aussi petit, est insensible à notre vue. J'ai dit que l'arc HK était égal à l'arc DF; ainsi, et à plus forte raison, l'arc DF est insensible à notre vue. En effet, si l'on tire une ligne AF, l'angle DAF sera moindre que l'angle HAK : c'est pourquoi le point D paraîtra le même que le point F; par une raison semblable, C paraîtra le même que E, et conséquemment CD, quant à l'apparence, ne diffère point de EF; ainsi le cercle qui détermine dans la lune la partie obscure et la partie éclairée, ne diffère point, quant à l'apparence, d'un grand cercle de la lune.

PROPOSITION VI.

Lorsque la lune nous paraît éclairée à moitié ou dikhotome, le grand cercle, qui est posé contre celui qui détermine dans la lune la partie éclairée et la partie obscure, est tourné vers notre œil; c'est-à-dire que le grand cercle posé contre celui qui distingue la partie éclairée de la partie obscure et notre œil, sont dans le même plan.

En effet, lorsque la lune n'est éclairée qu'à moitié, le cercle qui distingue la partie éclairée de cet astre de sa partie obscure, se trouve évidemment vers notre œil, et le cercle qui touche celui-là n'en diffère point. Ainsi, lorsque la lune nous paraît dans sa dikhotomie, le grand cercle placé auprès de celui qui distingue la partie éclairée de la partie obscure, est tourné vers notre œil.

PROPOSITION VII.

La lune a sa marche au-dessous du soleil; et lorsqu'elle est dikhotome, sa distance du soleil est moindre d'un quart de cercle.

Soit en effet notre œil au point A (*fig.* 5), et B le centre du soleil; que ces deux points soient joints par une ligne AB, prolongée jusqu'en L, et que l'on fasse passer un plan par cette ligne et par le centre de la lune; ce plan tracera un grand cercle pour section dans la sphère que forme le centre du soleil. Que ce cercle soit CBD; du point A sur la ligne AB j'élève le diamètre perpendiculaire CAD. L'arc BD sera certainement le quart du cercle. Je dis que la lune a sa marche au-dessous du soleil, et que, dans sa dikhotomie, sa distance du soleil est moindre d'un quart de cercle, c'est-à-dire que son centre est placé entre les lignes AB, AD et l'arc BED.

Supposons que cela ne soit point. Soit F le centre de la lune entre les lignes AD et AL, et soit tirée BF. Cette ligne BF sera conséquemment l'axe du cône qui comprendra le soleil et la lune, et elle sera perpendiculaire sur le grand cercle de la lune qui y distingue la partie éclairée de la partie obscure. Soit donc ce grand cercle placé auprès de celui qui distingue dans la lune la partie éclairée de la partie obscure GHK. Puisque, dans la dikhotomie de la lune, notre œil et le grand cercle placé auprès de celui qui distingue dans la lune la partie éclairée de la partie obscure, sont dans un même plan, soit tirée AF. Cette ligne AF sera certainement dans le plan du cercle GHK, et BF sera perpendiculaire au cercle GHK comme à AF. Mais l'angle BAF est aussi obtus, ce qui ne se peut pas. Le point F ne peut donc se trouver dans l'angle DAL.

Je dis qu'il ne peut non plus se trouver sur la ligne AD. Si en effet cela se pouvait, que ce soit au point M, et que l'on tire la ligne BM; que M soit le centre du grand cercle placé auprès de celui qui distingue la partie éclairée de la partie obscure. On trouvera de la même manière que l'angle AMB est perpendiculaire sur le grand cercle; mais BAM doit aussi être perpendiculaire, ce qui ne se peut. Donc le centre de la lune ne peut être sur la ligne AD dans le tems de la dikhotomie. Il sera conséquemment entre les lignes AB et AD.

Je dis de plus qu'il est dans l'intérieur du quart de cercle BED. Car si cela pouvait être autrement, supposons que ce soit au point N, et que l'on y fasse la même construction; nous prouverons que l'angle ANB est droit. AB (qui est l'hipothénuse du triangle) sera donc plus grand que AN (qui en est le côté. Mais AB est égal à AE. Donc AE sera plus grand que AN, ce qui ne peut être. Le centre de la lune pendant sa dikhotomie ne peut donc être au-delà de l'arc BED. On prouvera de même qu'il ne peut être sur l'arc BED. Il sera donc dans l'intérieur du quart de cercle.

De là il résulte que la lune a sa marche au-dessous du soleil, et que, dans sa dikhotomie, sa distance du soleil est moindre d'un quart de cercle.

PROPOSITION VIII.

La distance à laquelle le soleil se trouve de la terre est plus grande dix-huit fois, mais moindre de vingt fois que celle à laquelle la lune se trouve de la terre.

Soit en effet (*fig.* 6) A le centre du soleil, et B le centre de la terre; que la ligne AB, qui joint ces deux centres, soit prolongée; que le centre de la lune, dans sa dikhotomie, soit C. Par AB et C, je fais passer un plan dont la section avec la sphère, dans laquelle se meut le centre du soleil, sera un grand cercle ADE. Soient tirées les lignes AC, BC, et soit prolongée BC jusqu'en D. Puisque le point C est le centre de la lune dans sa dikhotomie, l'angle ACB sera droit. Du centre B je tire sur AB la perpendiculaire BE. L'arc DE sera conséquemment la trentième partie de l'arc ADE. En effet, l'une de nos hipothèses (la quatrième) est que la lune, dans sa dikhotomie, est éloignée du soleil d'un quart de la circonférence, moins la trentième partie de ce quart; donc l'angle CBE est aussi la trentième partie d'un angle droit. Soit achevé le parallélogramme AE, et soit tirée la diagonale BF; l'angle EBF sera la moitié d'un angle droit; que cet angle EBF soit coupé en deux parties égales par la ligne BG; l'angle EBG sera conséquemment le quart d'un angle droit. Mais l'angle DBE est la trentième partie d'un angle droit; donc la proportion de l'angle EBG à l'angle DBE est celle des nombres 15 et 2. En effet, si l'angle droit est divisé en 60 parties, l'angle EBG en aura 15, et l'angle DBE 2; et puisque le rapport de EG à EH est plus grand que celui de l'angle EBG à l'angle DBE, celui de EG à EH sera plus grand que celui de 15 à 2. Or BE est égale à EF, et l'angle en E est droit; ainsi le carré construit sur BF est le double du carré construit sur BE. Mais on a cette proportion: comme le carré construit sur BF est au carré construit sur BE, ainsi le carré construit sur FG est au carré construit sur EG. Ainsi le carré construit sur FG sera double de celui construit sur EG. Or 49 est moindre que le double de 25. Ainsi, le carré construit sur FG a, avec le carré construit sur EG, un rapport plus grand que celui de 49 à 25; et conséquemment le côté FG a, avec le côté EG, un rapport plus grand que celui de 7 à 5. *Componendo*, on aura EF est à EG dans un rapport plus grand que celui de 12 à 5 ou de 36 à 15. Mais on a prouvé que EG est à EH dans un rapport plus grand que celui de 15 à 2 ; donc l'antécédent de cette proportion étant égal au conséquent de l'autre, on en conclura que EF : EH dans un rapport plus grand que celui de 36 à 2 ou de 18 à 1. Ainsi EF est plus de 18 fois plus grande que EH. Or EF est égale à BE ; donc BE est aussi plus de 18 fois plus grande que EH. A plus forte raison BH sera-t-elle plus de 18 fois plus grande que EH. Mais, à cause de la similitude des triangles, comme BH est à EH, ainsi AB est à BC. AB est donc aussi plus de 18 fois plus grande que BC. Or AB est la distance du soleil à la terre, et BC est celle de la lune à la terre : donc la distance du soleil à la terre est plus de 18 fois plus grande que celle de la lune à la terre.

Il reste à prouver qu'elle est moins de 20 fois plus grande. Pour y réussir, par le point D, je mène DK parallèle à BE, et autour du triangle BDK, je construis le cercle BKDL. BD sera le diamètre de ce cercle, puisque l'angle en K est droit. Je porte le rayon de ce cercle au point L, en sorte que BL sera le côté de l'hexagone. Puis donc que l'angle DBE est la trentième partie d'un angle droit, BDK sera de même la trentième partie d'un angle droit. Ainsi l'arc BK sera la soixantième partie de la circonférence entière. Or BL est la sixième partie de cette même circonférence ;

ainsi l'arc BL sera décuple de l'arc BK. Mais l'arc BL a, avec l'arc BK, un rapport plus grand que la ligne droite BL avec la ligne droite BK. Ainsi la droite BL est moins de 10 fois plus grande que la droite BK. Or le diamètre BD est double du rayon BL; ainsi BD est moins de 20 fois plus grande que BK. Mais on a la proportion BD est à BK comme AB est à BC. Ainsi AB est moins de 20 fois plus grande que BC. Or AB est la distance du soleil à la terre, et BC est celle de la lune à la terre: donc la distance du soleil à la terre est moins de 20 fois plus grande que celle de la lune à la terre. On se souvient qu'il a été démontré que cette première distance est plus de 18 fois plus grande que la seconde.

PROPOSITION IX.

Lorsque le soleil est entièrement éclipsé, un même cône, ayant son sommet à notre œil, comprend le soleil et la lune.

En effet, lorsque le soleil est entièrement éclipsé, c'est à cause de l'opposition de la lune. Le soleil tombe donc dans le cône comprenant la lune qui a son sommet à notre œil. Car, ou le soleil est renfermé dans ce cône, ou il l'excède, ou il est dépassé par lui. S'il l'excède, il ne sera pas éclipsé en entier, et la partie excédante restera en vue; s'il est dépassé par lui, l'éclipse continuera jusqu'à ce que la partie qui le dépasse dans le cône ait été parcourue. Mais il est éclipsé tout entier, et lorsqu'il a été éclipsé un instant, il cesse aussitôt de l'être. Donc il ne dépasse point le cône, et n'est pas dépassé par lui. Il est conséquemment exactement compris et renfermé dans le cône qui comprend la lune et qui a son sommet à notre œil.

PROPOSITION X.

Le diamètre du soleil est plus de 18 fois et moins de 20 fois plus grand que celui de la lune.

Soit (*fig.* 7) notre œil placé en A, B le centre du soleil, et C le centre de la lune, lorsque le cône comprenant le soleil et la lune a son sommet dans notre œil, c'est-à-dire lorsque les points A, C, B se trouvent sur une même ligne droite. Soit mené par ACB un plan, qui aura pour sections dans les sphères de grands cercles, et dans le cône des lignes droites. Qu'il fasse ainsi dans les sphères les grands cercles FG, HLK, et dans le cône les lignes droites AFH, AGK. Soient de plus tirés les rayons CG, BK, aux points de contact. On aura AB est à AC comme BK est à CG. Mais on a prouvé (Propos. VIII), que AB est plus de 18 fois et moins de 20 fois plus grand que AC. Donc BK est de même plus de 18 fois et moins de 20 fois plus grand que CG.

PROPOSITION XI.

Le soleil est à la lune en plus grande proportion que 5832 à 1, et en moindre que 8000 à 1.

Soit en effet (*fig.* 8) le diamètre du soleil A, et celui de la lune B. Le rapport de A à B sera donc plus grand que celui de 18 à 1, et moindre que celui de 20 à 1. Or, comme le cube construit sur A est au cube construit sur B, en raison triplée de celle de A à B, et que la sphère produite autour du diamètre A est à la sphère produite autour du diamètre B, aussi en raison triplée de A à B, on aura cette proportion : la sphère autour du diamètre A est à celle autour du diamètre B, comme le cube de A est à celui de B. Mais le cube de A est au cube de B en plus grande proportion que celle de 5832 à 1, et moindre que celle de 8000 à 1, puisque le rapport de A à B est plus grand que celui de 18 à 1, et moindre que celui de 20 à 1. Donc le soleil est en plus grand rapport avec la lune que celui de 5832 à 1, et moindre que celui de 8000 à 1.

PROPOSITION XII.

Le diamètre de la lune contient moins de deux quarante-cinquièmes parties de la distance du centre de la lune à notre œil, et il est plus grand que la trentième partie de cette distance.

Soit en effet (*fig.* 9) notre œil au point A, et le centre de la lune au point B, quand le cône qui comprend le soleil et la lune a son sommet à notre œil. Je dis que l'énoncé de cette proposition est vrai. Car soient joints les points A et B par une ligne AB, et soit mené par cette ligne AB un plan qui ait pour section dans la sphère un cercle, et dans le cône des lignes droites. Qu'il fasse donc dans la sphère le cercle CED, et dans le cône les droites AC, AD, et que l'on tire BC qui soit prolongé jusqu'en E. Il est prouvé, par ce qui a été démontré (Propos. V), que l'angle BAC est la quarante-cinquième partie de la moitié d'un angle droit ; et, par la même raison, BC est moindre que la quarante-cinquième partie de AC. Ainsi BC est beaucoup moindre que la quarante-cinquième partie de AB. Or CE est le double de BC; donc CE est moindre que deux quarante-cinquièmes parties de AB. CE est le diamètre de la lune, et AB la distance à laquelle la lune se trouve de notre œil. Donc le diamètre de la lune est moindre que deux quarante-cinquièmes parties de la distance de la lune à notre œil.

Je dis à présent que CE est plus grand que la trentième partie de cette même ligne AB. En effet soient tirées les lignes CD, DE, et que du centre A, avec le rayon AC, on décrive le cercle CDF; que l'on porte ensuite sur la circonférence une ligne DF égale à ce rayon AC. Puis donc que l'angle droit CDE est égal à l'angle droit ACB, et que l'angle BAC est égal à BCH, l'angle restant CED est égal à l'angle restant CBH. Ainsi le triangle CDE est semblable au triangle ABC. On aura donc AB est à AC comme CE est à CD; et, en changeant les termes, AB est à CE, comme AC est à CD, ou comme DF est à CD. De plus, comme l'angle CAD est la quarante-cinquième partie d'un angle droit, l'arc CD sera la cent quatre-vingtième partie de la circonférence entière; DF est la sixième partie de cette même circonférence. Ainsi l'arc CD sera la trentième partie de l'arc DF. Or, cet arc CD, moindre que l'arc DF, a avec cet arc DF un rapport moindre que la ligne droite CD avec la ligne droite DF. Ainsi la ligne droite CD est plus grande que la trentième partie de la ligne droite DF. Or DF est égal à AC. Donc CD est plus grande que la trentième partie de cette ligne AC; et, à plus forte raison, CE est plus grande que la trentième partie de AB. D'un autre côté, j'ai démontré en premier lieu que CE était plus petite que deux quarante-cinquièmes parties de AB.

PROPOSITION XIII.

Le diamètre du cercle qui distingue dans la lune la partie obscure de la partie éclairée, est plus petit que le diamètre de la lune, et a cependant avec lui un rapport plus grand que celui du nombre 89 au nombre 90.

Soit en effet notre œil au point A (*fig.* 10); que le centre de la lune soit B lorsque le cône qui comprend le soleil et la lune a son sommet à notre œil; que l'on mène la ligne AB, et que, par cette ligne AB, on fasse passer un plan qui ait pour section dans la sphère de la lune le cercle DEC, et dans le cône les lignes droites AD, AG, CD: CD sera conséquemment le diamètre du cercle qui, dans la lune, distingue la partie obscure de la partie éclairée. Je dis que CD est à la vérité moindre que le diamètre de la lune, mais qu'il a avec lui un rapport plus grand que celui de 89 à 90. Que CD soit plus petit que le diamètre de la lune, c'est ce qui est évident; j'ajoute qu'il a avec lui un rapport plus grand que celui de 89 à 90. Pour le prouver, je mène par le point B le diamètre FG parallèle à

CD, et je tire BC. Il résulte des propositions précédentes, que l'angle CAD est la quarante-cinquième partie d'un angle droit, et que l'angle BAC est la quatre-vingt-dixième; mais l'angle BAC est égal à l'angle CBF; donc l'angle CBF est aussi la quatre-vingt-dixième partie d'un angle droit, c'est-à-dire la quatre-vingt-dixième partie de l'angle EBF; et conséquemment l'arc CF est la quatre-vingt-dixième partie de l'arc ECF; c'est pourquoi l'arc CE est à l'arc ECF, dans le rapport de 89 à 90. Or l'arc CED est double de CE, et FEG est double de ECF; donc l'arc CED est à l'arc FEG dans le rapport de 89 à 90. Mais la ligne droite CD est à la droite FG dans un rapport plus grand que celui de l'arc CED à l'arc FEG; ainsi la ligne CD est au diamètre FG dans un rapport plus grand que celui de 89 à 90.

PROPOSITION XIV.

Une ligne droite qui est contenue dans l'ombre de la terre, soutendant l'arc d'un cercle dans lequel se meuvent les extrémités du diamètre qui distingue dans la lune la partie obscure et la partie éclairée, est moindre que le double du diamètre de la lune, et a un plus grand rapport avec ce diamètre, que 88 à 45. Cette même ligne est moindre que la neuvième partie du diamètre du soleil; et elle a avec ce diamètre un plus grand rapport que celui de 22 à 225; enfin elle a avec la ligne tirée du centre du soleil perpendiculairement sur l'axe, et terminée aux côtés du cône, un rapport plus grand que celui de 979 à 10125.

Pour démontrer cette prosition, soit A (*fig.* 11) (1) le centre du soleil, B celui de la terre, et C celui de la lune au moment où l'éclipse est parfaite, lorsque la lune est tombée toute entière dans l'ombre de la terre; et par les points A, B, C, soit mené un plan qui aura pour sections dans les sphères des cercles, et dans le cône qui comprend le soleil et la terre, des lignes droites. Qu'il produise dans les sphères les grands cercles DEF, GHK, LMN; dans l'ombre de la terre, un cercle dans lequel se meuvent les extrémités du diamètre qui distingue dans la lune la partie éclairée de la partie obscure, NLX; et, dans le cône, les lignes droites DGX, FKN; enfin que l'axe soit ABL. Il est certainement évident que l'axe ABL est tangent au cercle LMN, puisque l'ombre de la terre est de deux lunes; il l'est aussi que l'arc NLX est partagé en deux parties égales par l'axe ABL. J'ai supposé

(1) On observera que cette figure répond à la figure 22 dans l'édition de Wallis.

qu'en cet instant la lune commence à tomber toute entière dans l'ombre de la terre. Soient à présent tirées les lignes NX, LN, BN, LX; donc LN est le diamètre du cercle qui distingue dans la lune la partie éclairée de la partie obscure: et BN est tangente au cercle LNOM, puisque notre œil est en B, et que LN est le diamètre du cercle qui distingue dans la lune la partie éclairée de la partie obscure; puis donc que LX et LN sont égales, leur somme sera double de l'une d'entre elles, LN: c'est pourquoi NX est moindre que le double de cette ligne LN. Que l'on tire les lignes CL, CN, et que CL soit prolongée jusqu'en O: à plus forte raison, NX sera moindre que le double de cette ligne LO; et puisque CL est perpendiculaire à BL, elle sera parallèle à NX. L'angle LXN est donc égal à l'angle CLN; conséquemment encore LN est égal à LX, et CL à CN. C'est pourquoi le triangle LNX est semblable au triangle CLN. On aura donc la proportion: NX est à LN comme LN est à CL; mais LN est à CL dans une plus grande proportion que 89 à 45; c'est-à-dire le carré construit sur NX est au carré construit sur LN dans une plus grande proportion que 7921 à 2025, et cette même ligne NX sera à LO dans une proportion plus grande que 7921 à 4050. Or 7921 est à 4050 dans une proportion plus grande que 88 à 45; c'est-à-dire que NX est à LO en plus grand rapport que 88 à 45; ou la ligne droite soutendant un arc du cercle dans lequel se meuvent les extrémités du diamètre qui détermine la partie éclairée et la partie obscure de la lune, et qui est comprise dans l'ombre de la terre, est plus petite que le double du diamètre de la lune; mais elle a avec ce diamètre un rapport plus grand que celui de 88 à 45.

La même construction étant faite, soit tirée du point A sur AB le diamètre perpendiculaire PAR. Je dis que NX est plus petite que la neuvième partie du diamètre du soleil; mais qu'elle a avec ce diamètre un rapport plus grand que celui de 22 à 225, et avec PR un rapport plus grand que celui de 979 à 10125. En effet, puisqu'il a été prouvé que NX était plus petite que le double du diamètre de la lune, et que le diamètre de la lune était plus petit que la dix-huitième partie du diamètre du soleil, il est clair que NX sera plus petite que la neuvième partie du diamètre du soleil; d'un autre côté, NX a, avec le diamètre de la lune, un rapport plus grand que celui de 88 à 45, et le diamètre de la lune a, avec le diamètre du soleil, un rapport plus grand que celui de 45 à 900. En effet, le diamètre de la lune est au diamètre du soleil dans un rapport plus grand que celui de 1 à 20; et, en multipliant ces deux nombres par 45, on trouvera les deux nombres que je viens de donner. Le rapport de NX au diamètre du soleil sera donc plus grand que celui de 88 à 900, ou de 22 à 225.

Soient à présent menées du point B des tangentes BYS, BVT qui touchent le cercle DEF, et soient tirées les lignes VY, AY. On aura donc cette proportion : comme le diamètre du cercle qui distingue la partie éclairée de la lune de sa partie obscure, est au diamètre de la lune; ainsi VY est au diamètre du soleil. Cette proportion dérive nécessairement de ce qu'un même cône, ayant son sommet à notre œil, comprend le soleil et la lune. Or, le diamètre du cercle qui distingue dans la lune la partie éclairée de la partie obscure, a, avec le diamètre de la lune, un rapport plus grand que celui de 89 à 90. Ainsi VY a, avec le diamètre du soleil, un rapport plus grand que celui de 89 à 90. Par la même raison, QY aura avec AY un rapport plus grand que celui de 89 à 90. Or, QY est à AY comme AY est à AS, puisque AS et QY sont parallèles; donc AY est à AS dans une proportion plus grande que celle de 89 à 90; à plus forte raison AY est à AR dans un rapport plus grand que celui de 89 à 90. Il en est de même de leurs doubles.

Ainsi le diamètre du soleil est à PR dans un rapport plus grand que celui de 89 à 90; or, on a prouvé que NX est au diamètre du soleil dans un rapport plus grand que celui de 22 à 225; en unissant ces deux proportions, on conclura que NX est à PR dans un plus grand rapport que le produit des nombres 22 et 89 à celui des nombres 90 et 225; c'est-à-dire, que 1958 à 20250, ou leurs moitiés qui sont 979 et 10125.

PROPOSITION XV.

Si l'on tire une ligne droite du centre de la terre au centre de la lune, cette ligne sera avec la ligne droite prise sur l'axe, entre celle qui soutend l'arc du cercle contenu dans l'ombre de la terre et le centre de la lune, en plus grande proportion que 675 à 1.

OBSERVATION SUR LA FIGURE.

La figure 12 qui me servira pour démontrer cette proposition, est la figure 24 de Wallis. On observera que, dans les figures des deux manuscrits, le point σ, ς, est le centre de l'arc NLX ou νλξ, ce qui n'est ni exact, ni conforme à Wallis. De plus la lune, dans ces deux manuscrits, est plus grande que la terre, ou du moins presque égale à la terre, ce qui n'est pas plus exact. Mais, comme la petitesse de la lune met quelque confusion dans la figure, on retrouvera ce même astre plus grand dans la figure 12 *bis*, où les mêmes lettres sont employées, mais placées plus distinctement.

Soit donc (*fig.* 12) la même figure que ci-dessus, et que la lune y soit placée de manière que son centre y soit sur l'axe du cône qui comprend le soleil et la terre (1), soit au centre C; soit de plus MOP un grand cercle de la sphère de la lune, se trouvant dans le même plan, et soit tirée la ligne MO; MO sera donc le diamètre du cercle qui distingue dans la lune la partie obscure de la partie éclairée; soient donc tirées les lignes BM, BO, LX, BX, CM. Il est clair que les lignes droites BM, BO touchent le cercle MOP, puisque MO est le diamètre du cercle qui distingue dans la lune la partie obscure de la partie éclairée : et puisque LX est égal à MO, l'une et l'autre de ces deux lignes étant le diamètre du cercle qui distingue la partie obscure de la partie éclairée; il est clair que l'arc LMX est égal à l'arc MLO, et conséquemment l'arc MX à l'arc LO. Mais LO est égal à LM; donc MX est aussi égal à LM. Or la ligne BX est de même égale à BL, puisque le point B est le centre de la terre, et que la terre peut être considérée comme un point et un centre, relativement à

---

(1) Et non le soleil et la lune, comme le dit la version latine, qui oublie aussi de fixer le centre de la lune au point C. Ces deux fautes ne sont pas dans le texte grec.

l'orbite (1) de la lune; de plus MOP est dans le même plan; c'est pourquoi BM est perpendiculaire sur LX, et CM est perpendiculaire sur BM. Ainsi CM est parallèle à LX. Mais SX est aussi parallèle à MR, et conséquemment le triangle LSX est semblable au triangle CRM: ainsi SX est à MR comme LS est à CR; mais SX est moins que double de MR, et conséquemment NX est moins que double de MO; donc aussi LS est moins que double de CR, et RS est beaucoup moins que double de CR; d'où il suit que CS est moins que triple de CR. On aura donc: CR est à CS en plus grand rapport que 1 à 3; et puisque BC est à CM comme CM est à CR, et que BC est à CM en plus grande proportion que 45 à 1, CM sera à CR en plus grande proportion que 45 à 1; or CR est à CS en plus grande proportion que 1 à 3; conséquemment le rapport de CM à CS sera plus grand que celui de 45 à 3, c'est-à-dire de 15 à 1; or on a prouvé que le rapport de BC à CM est plus grand que celui de 45 à 1; donc enfin, par la comparaison de ces

(1) Le grec et le latin emploient ici le mot sphère, ce qui serait tout à fait inexact, le globe de la terre étant plus grand que celui de la lune. C'est même beaucoup de supposer la terre comme un point relativement à l'orbite de la lune.

deux rapports, on conclura que BC est à CS dans un rapport plus grand que celui de 675 à 1.

PROPOSITION XVI.

Le diamètre du soleil est au diamètre de la terre en plus grande proportion que 19 à 3, et en moindre que 43 à 6.

En effet, soit (*fig.* 13) (1) le centre du soleil en A, celui de la terre en B, et C le centre de la lune, au moment où l'éclipse est parfaite; c'est-à-dire où les points A, B, C sont en ligne droite. Soit aussi mené par l'axe un plan qui ait pour section dans le soleil le cercle DEF, dans la terre le cercle GHK, et dans l'ombre l'arc de cercle NX; enfin dans le cône les lignes droites DM, FM; soit tirée la corde NX, et par le point A, soit menée sur AM la perpendiculaire OAP. Puisque NX est moindre que la neuvième partie du diamètre du soleil, et qu'à plus forte raison le rapport de OP à NX sera plus grand que celui de 9 à 1, le rapport de AM à MR sera conséquemment plus grand que celui de 9 à 1; et *convertendo*, AM est à AR en moindre rapport

(1) C'est la figure 26 de Wallis. Dans les deux manuscrits, le centre de l'arc $\nu\xi$ est pris au hasard sur la ligne $\beta\rho$; dans Wallis, au contraire, il est pris au centre β de la terre, ce qui est plus exact; et j'ai suivi son exemple.

que celui de 9 à 8. D'un autre côté, puisque AB est au-delà de 18 fois plus grande que BC, à plus forte raison elle sera plus grande que BR. AB sera donc à BR dans une proportion plus grande que celle de 18 à 1; et *convertendo*, BR sera à AB dans une proportion moindre que celle de 1 à 18. *Componendo*, AR est à AB dans une proportion moindre que celle de 19 à 18. Or, on a prouvé que AM est à AR dans un rapport moindre que celui de 9 à 8; donc le rapport de AM à AB sera moindre que celui de 171 à 144, et que 19 à 16; car les parties semblables ont les mêmes rapports que leurs multiples. C'est pourquoi, *convertendo*, AM est à BM dans une proportion plus grande que celle de 19 à 3. Or, AM est à BM comme le diamètre du cercle DEF est au diamètre du cercle GHK. Ainsi le diamètre du soleil est au diamètre de la terre dans une plus grande proportion que 19 à 3.

Je dis, en outre, que le rapport de ces deux diamètres est moindre que celui de 43 à 6. En effet, puisque BC est à CR dans une proportion plus grande que celle de 675 à 1, on aura, *convertendo*, BC est à BR dans une proportion moindre que celle de 675 à 674. Mais AB est à BC dans une proportion moindre que celle de 20 à 1: en comparant les deux termes égaux, on en conclura que AB est à BR dans un rapport moindre que celui de 13500 à 674; c'est-à-dire que 6750 à 337. *Convertendo* et *componendo*, il résulte que AR est à AB dans un rapport plus grand que celui de 7087 à 6750. En effet, puisque NX est à OP dans une proportion plus grande que celle de 979 à 10125, on aura, *convertendo*, OP est à NX dans une proportion moindre que celle de 10125 à 979. Or, OP est à NX comme AM est à MR. Ainsi AM est à MR dans un rapport moindre que celui de 10125 à 979. On aura conséquemment, *convertendo*, AM est à AR en plus grand rapport que 10125 à 9146. Mais on a aussi AR est à AB en plus grand rapport que 7087 à 6750. En comparant ces deux rapports, il viendra : AM est à AB en plus grand rapport que le produit des nombres 10125 et 7087 au produit des nombres 9146 et 6750; c'est-à-dire que 71755875 à 61735500. Or, 71755875 est à 61735500 en plus grand rapport que 43 à 37; donc AM est à AB en plus grand rapport que 43 à 37; ainsi, *convertendo*, AM est à BM en moindre rapport que 43 à 6. Mais AM est à BM comme le diamètre du soleil est au diamètre de la terre; par conséquent, le diamètre du soleil est au diamètre de la terre en moindre rapport que 43 à 6. Or, il a été prouvé que ce même rapport était plus grand que celui de 19 à 3.

PROPOSITION XVII.

Le soleil est à la terre en proportion plus grande que celle de 6859 à 27, et moindre que celle de 79507 à 216.

Soit en effet (*fig.* 8) A le diamètre du soleil, B celui de la terre; on a démontré que la sphère du soleil est à la sphère de la terre, comme le cube du diamètre du soleil est au cube du diamètre de la terre; il en est de même de la lune: ainsi le cube de A est au cube de B, comme le soleil est à la terre. Or, le cube de A est au cube de B en plus grande proportion que 6859 à 27, et en moindre que 79507 à 216; car A est à B en plus grande proportion que 19 à 3, et moindre que 43 à 6; c'est pourquoi le soleil est à la terre en plus grande proportion que 6859 à 27, et moindre que 79507 à 216.

PROPOSITION XVIII.

Le diamètre de la terre est au diamètre de la lune en plus grand rapport que celui de 108 à 43, moindre que celui de 60 à 19.

Soit (*fig.* 8) A le diamètre du soleil, B celui de la lune, C celui de la terre. Puisque A est à C en moindre rapport que 43 à 6, on aura, *convertendo*: C est à A en plus grand rapport que 6 à 43; or, le rapport de A à B est plus grand que celui de 18 à 1. Donc, par la comparaison des rapports, C est à B en plus grand rapport que 108 à 43. D'un autre côté, puisque A est à C en plus grand rapport que 19 à 3; on aura, *convertendo*, C est à A en moindre rapport que 3 à 19; or, A est à B en moindre rapport que 20 à 1; ainsi, en comparant les rapports égaux, C est à B en proportion moindre que 60 à 19.

PROPOSITION XIX.

La terre est à la lune en proportion plus grande que celle de 1259712 à 79507; et moindre que celle de 216000 à 6859.

Soit en effet (*fig.* 8) A le diamètre de la terre, et B celui de la lune. Puisque A est à B en plus grande proportion que celle de 108 à 43, et moindre que celle de 60 à 19; le cube construit sur A est au cube construit sur B en proportion plus grande que celle de 1259712 à 79507, et moindre que celle de 216000 à 6859. Mais le cube de A est au cube de B comme la terre est à la lune; ainsi le rapport de la terre à la lune est plus grand que celui de 1259712 à 79507, et moindre que celui de 216000 à 6859.

SCHOLIES

SUR

LE TRAITÉ D'ARISTARQUE.

1. *Observations des anciens commentateurs sur les hipothèses.*

PAPPUS d'Alexandrie dit, dans le sixième livre de ses *Collections mathématiques,* proposition 38:

Dans son livre sur les grandeurs et les distances du soleil et de la lune, Aristarque fait six hipothèses, savoir :

1. La lune reçoit sa lumière du soleil.

2. La terre peut être considérée comme un point et comme le centre de l'orbite (1) de la lune.

3. Lorsque la lune nous paraît dikhotome, elle offre à nos regards son grand cercle, qui

(1) Voyez la note sur la proposition XV.

détermine la partie éclairée et la partie obscure de cet astre.

4. Lorsque la lune nous paraît dikhotome, sa distance du soleil est moindre du quart de la circonférence, de la trentième partie de ce quart. (En effet, cette distance est de 87 degrés, qui sont moindres des 90 degrés composant le quart de la circonférence, de 3 degrés, c'est-à-dire, de la trentième partie de 90 degrés.)

5. La largeur de l'ombre est de deux lunes.

6. L'arc soutendu par la lune est la quinzième partie d'un signe.

De ces hipothèses, la première, la troisième et la quatrième, sont, en effet, presque entièrement d'accord avec les hipothèses d'Hipparque et de Ptolémée; car la lune est toujours éclairée par le soleil, excepté lorsqu'elle est éclipsée. Pendant l'éclipse, elle cesse de réfléchir la lumière, tombant dans l'ombre que produit le soleil par son opposition à la terre, ombre qui est d'une forme conique : et le cercle, qui détermine la partie rendue laiteuse par la lumière du soleil, et la partie cendrée qui conserve la couleur propre à la lune, ne diffère pas d'un grand cercle de la lune dans les dikhotomies, qui arrivent lorsque le soleil est vu dans le zodiaque à la hauteur de 90 degrés, à très-peu de chose près, et qui nous montrent la moitié de la lune. Car si l'on prolonge le plan de ce cercle, il passera aussi par nos ieux, quelle que soit la position de la lune dans son premier ou son second quartier, pourvu qu'elle soit à demi-éclairée. Mais ces deux mathématiciens diffèrent d'Aristarque pour les trois autres hipothèses : car ils ne pensent nullement que la terre puisse être considérée comme un point et comme le centre de l'orbite de la lune, et ils n'admettent cette double hipothèse que relativement à l'orbite des étoiles fixes; ensuite ils ne croient ni que la largeur de l'ombre soit de deux diamètres, ni que l'arc soutendu par la lune, dans le tems de sa moyenne distance, soit de la quinzième partie d'un signe, c'est-à-dire, de deux degrés. En effet, selon Hipparque, le diamètre de la lune mesure le cercle 650 fois, et la largeur de l'ombre est de deux diamètres et demi, selon la moyenne distance dans les conjonctions. Mais, selon Ptolémée, le même diamètre de la lune soutend dans sa plus grande distance un arc de $0^d\ 31'\ 20''$, et dans sa moindre distance $0^d\ 35'\ 20''$. Quant au diamètre du cercle de l'ombre, il est dans la plus grande distance de la lune, de $0^d\ 45'\ 38''$, et dans la moindre de $0^d\ 46'$. C'est pourquoi ils ont calculé des rapports différens pour les distances et les grandeurs du soleil et de la lune. Aristarque, en s'appuyant sur ses hipothèses, continue ainsi littéralement :

« De là il résulte que la distance du soleil à « la terre est plus grande que dix-huit fois la « distance de la lune, mais qu'elle est moindre « que vingt fois cette distance; et que le dia- « mètre du soleil est en même rapport avec le « diamètre de la lune: ce qu'il prouve par la « position de la lune vers sa dikhotomie. Mais la « proportion du diamètre du soleil au diamètre « de la terre est plus grande que celle de 19 à 3, « et plus petite que celle de 43 à 6. On le dé- « montre par le rapport des distances, par la « position autour de l'ombre, et parce que l'arc « soutendu par la lune est la quinzième partie « d'un signe. »

Cette expression, *de là il résulte*, dont se sert Aristarque, annonce ce qu'il va bientôt démontrer, employant ces propositions comme des lemmes nécessaires à ses démonstrations. De tout cela il conclut que la proportion du soleil à la terre est plus grande que celle de 6859 à 27 (ou de 254 à 1), et moindre que celle de 79507 à 16 (ou de 368 à 1); que celle du diamètre de la terre au diamètre de la lune est plus grande que celle de 108 à 43 (ou de 2,51 à 1), et moindre que celle de 60 à 19 (ou de 3,37 à 1); enfin que celle de la terre à la lune est plus grande que celle de 1259712 à 79507 (ou de 15,9 à 1), et moindre que celle de 216000 à 6859 (ou de 31,5 à 1).

Ptolémée, dans le cinquième livre de sa Sintaxe, chapitres 14 et 16, a démontré que si l'on compte pour un degré le demi-diamètre de la terre, la plus grande distance de la lune dans les conjonctions, est de 64° 10′, celle du soleil 1210°, le demi-diamètre de la lune 0° 17′ 33″, et le demi-diamètre du soleil 5° 30′. Si donc le diamètre de la lune est pris pour unité, le diamètre de la terre sera 3 $\frac{2}{5}$, et celui du soleil 18 $\frac{4}{5}$: d'où il conclut que le diamètre de la terre est triple de celui de la lune, et plus grand encore de deux cinquièmes; que le diamètre du soleil est 18 fois plus grand que celui de la lune, et plus grand encore de quatre cinquièmes; enfin que le diamètre du soleil est quintuple de celui de la terre, et plus grand encore d'une moitié. Il est facile de déterminer, par le moyen de ces rapports, les proportions des masses de ces corps. En effet, puisque le cube de 1 est 1, celui de 3 $\frac{2}{5}$ est 39 $\frac{1}{4}$ à très-peu près, et celui de 18 $\frac{4}{5}$ est de même 6644 $\frac{1}{2}$ à très-peu près; si la masse de la lune est prise pour unité, celle de la terre sera 39 $\frac{1}{4}$, et celle du soleil 6644 $\frac{1}{2}$; c'est pourquoi la masse du soleil est à très-peu près 170 fois plus grande que celle de la terre. Voilà tout ce que l'on peut dire pour comparer ces grandeurs et ces distances.

2. *Sur la première hipothèse.*

Elle est vraie, car la partie éclairée de la lune est toujours celle qui regarde le soleil.

3. *Sur la troisième hipothèse.*

Ce cercle est en effet dans le même plan que nos ieux.

4. *Sur les conclusions d'Aristarque.*

On démontre dans les propositions qui suivent le douzième théorème du cinquième livre de l'Almageste, que si le demi-diamètre de la terre est pris pour un degré, la distance de la lune est dans une époque déterminée $64^d\ 10'$, et celle du soleil 1210; enfin la ligne droite, qui va du centre de la terre au sommet du cône de l'ombre, est 68^d. Le demi-diamètre de la terre étant toujours pris pour unité, le demi-diamètre de la lune est $0^d\ 17'\ 33''$, et celui du soleil $5^d\ 30'$. On aura conséquemment la proportion: comme $17'\ 33''$ est à $64^d\ 10'$, ainsi $5^d\ 30'$ est à 1210^d.

5. *Sur ces mêmes hipothèses.*

Des hipothèses d'Aristarque, quelques-unes sont vraies, quelques-unes fausses, et d'autres se rapprochant en quelque manière de la vérité, sont presque vraies.

En effet, il est vrai que « la lune reçoit sa lu-« mière du soleil. » On le voit clairement dans les éclipses de lune, où l'on reconnaît que la partie éclairée est toujours tournée vers le soleil, et qu'elle éprouve une phase.

Mais il est faux que « la terre ait le rapport « d'un point et d'un centre avec la sphère de la « lune. » Car la ligne droite qui, partant du centre de la terre, s'étend jusqu'à la lune, nous offre des phénomènes très-différens : c'est cette différence qui a reçu le nom de *Parallaxe*. Or, cela n'arriverait jamais, si notre œil était le centre de l'orbite de la lune.

Il est encore vrai que dans la dikhotomie « le « plan du cercle qui détermine la partie obscure « de la lune et la partie éclairée, passe par notre « œil. » En effet, on démontre dans l'optique que si la circonférence d'un cercle est placée dans le même plan que l'œil, celui-ci verra une ligne droite ; c'est pourquoi la lune, dans les dikhotomies, nous présentant une ligne droite, la circonférence du cercle est dans le même plan que nos ieux.

La quatrième et la cinquième hipothèses sont presque vraies. Car on démontre, dans le cinquième livre de l'Almageste (1), que lors du plus grand éloignement de la lune, le diamètre de l'ombre est de très-peu moindre que le double et trois cinquièmes du diamètre de la lune.

Quant à la sixième hipothèse, elle est fausse. Au lieu de dire que « la lune soutend la quinzième partie d'un signe », il faudra dire 31′ à très-peu près, dans sa plus grande distance : il est en effet évident que cette distinction est nécessaire, puisque, selon ses diverses distances, la lune paraît plus grande ou plus petite : dans son périgée, le diamètre apparent de la lune est bien plus grand que dans son apogée.

6. *Sur la proposition* II, *p.* 8, *l.* 20.

On trouve, dans la version latine, *sumatur*, soit pris, c'est-à-dire, soit déterminé un point qui donne une partie finie sur une ligne indéfinie. Ce sens est évident d'après le commencement de la proposition.

7. *Sur la même proposition*, *p.* 8, *l.* 20.

Soient (*fig.* 14) deux grandeurs inégales A et B, et A plus grand que B. Soit prise une ligne quelconque CD. J'établis ensuite la proportion :

---

(1) Chapitre 14.

comme A est à B, ainsi une ligne entière formée par l'adjonction d'une autre ligne à la ligne CD, soit à la ligne ajoutée. Pour déterminer cette ligne à ajouter, j'élève sur CD les perpendiculaires CF, DE; je prends CF égale à A, et DE égale à B. Je joins les points F et E, par une ligne que je prolonge, ainsi que CD, jusqu'à ce que ces deux lignes se rencontrent au point K, qui sera le point cherché. En effet, on aura CF:CK :: DE:DK, et en alternant CF:DE :: CK :DK, c'est-à-dire A:B :: CK:DK.

8. *Sur la même proposition, p.* 9, *l.* 2.

Soit (*fig.* 15) AK à BK comme AC à BF, et soit AC parallèle à BF; je dis que la ligne CFK est droite. Pour le prouver, je mène du point C la droite CD parallèle à AB, et je prolonge BF jusqu'au point D. AD forme donc un parallélogramme; et puisque nous avons AK:BK :: AC :BF, ou :: BD:BF, on aura, *dividendo*, AB:BK :: DF:BF; et, *alternando*, AB:DF :: BK:BF; de plus, l'angle E est égal à l'angle G. Or, deux triangles qui ont un angle égal, et les côtés qui le comprennent proportionnels, sont semblables. Donc les triangles CDF et KBF sont semblables. Les angles H et L sont conséquemment égaux. Que l'angle adjacent soit appelé M; il en résulte que la somme des angles H et M est égale à celle des angles M et L. Or, M et L ont pour somme deux angles droits ; donc H et M ont aussi pour somme deux angles droits. J'en conclus que CF et FK sont situés sur une même ligne droite.

9. *Sur la même proposition*, *p*. 9, *l*. 5.

Il est évident que CL et FM (*fig*. 2) ne tombent ni sur les centres des cercles, ni sur les rayons AX et BG ; car si l'on veut que ce soit aux centres, que ce soit au point A. Le triangle AKC se trouvera avoir deux angles droits, l'un au point C, et l'autre au point A ; si c'est sur le rayon AX, l'angle au point C sera obtus. Car si au centre A on tire un rayon qui tombe perpendiculairement sur CK, la ligne qui ira tomber au-delà de ce centre, formera un angle obtus au point C, et un angle droit au point sur lequel elle tombera en AX, ce qui est absurde.

10. *Sur la proposition* IV, *p*. 11, *l*. 13.

Deux sphères inégales, comprises par le même cône, ont leur centre placé sur une ligne droite qui est la même que l'axe du cône.

11. *Sur la même proposition*, *p*. 12, *l*. 6.

Puisque AHG (*fig*. 3) est tangente aux deux cercles, les angles BGH et AHC seront droits.

Ainsi, dans le triangle ABG, CH sera parallèle à BG, et le triangle BGA sera semblable au triangle CHA; on aura donc BG:AB :: CH:AC, et, *convertendo*, BG:CH :: AB:AC.

12. *Sur la même proposition, p.* 12, *l.* 11.

Puisque d'après ce que l'on a dit (*fig.* 3), le centre du cercle CD est supposé au point A, si du point B comme centre et du rayon BC on décrivait un cercle, il serait tangent au cercle CD, et irait couper la ligne BD en quelque point I, où il ferait BI égal à BC. Donc, de quelque manière que BD soit menée, elle sera plus grande que BC, ainsi que cela est démontré dans le troisième livre d'Euclides sur les plans (1).

13. *Sur la même proposition, p.* 12, *l.* 14.

Soient construites les figures 16 et 17 (2), où l'on voit deux cercles égaux, mais dans lesquels la ligne HF est moindre que EX, et soient tirées les tangentes PX, OX, CH, LH; soient enfin

(1) J'ai refait le texte de ce scholie qui m'a paru défectueux, et j'ai ajouté dans la figure le cercle CI.

(2) Wallis ne donne ici qu'une figure, ce qui est contraire au texte et à tous les manuscrits.

joints les points de contact par des lignes droites OP, CL. Je dis que CL est moindre que OP, de même que HF est moindre que EX. En effet, puisque HF est moindre que EX, soit supposé HF égal à EG, et par le point G soient menées les tangentes GA, GK. Il est clair qu'elles auront leurs points de contact dans l'intérieur des arcs MO, MP. Soient joints les points de contact par une ligne AK, et puisque d'un côté BG est égal à DH, et de l'autre GM est égal à HN, à cause de l'égalité des deux cercles, le rectangle construit sur les deux lignes BG et GM, sera égal à celui que l'on construira sur les deux lignes DH, HN. Or, le rectangle construit sur les deux lignes BG et GM est égal au carré de AG, comme le prouve l'avant-dernière proposition du troisième livre des plans; de même le rectangle construit sur les deux lignes DH et HN est égal au carré de HC; ainsi la droite AG est égale à la droite HC; or la droite EG est égale à la droite FH. Ainsi les deux lignes AG et GE sont égales aux deux lignes CH et FH. D'un autre côté, la base AE est égale à la base CF; ainsi l'angle AGE est égal à l'angle CHF. On démontrera certainement de la même manière que la droite GK (1) est égale à la droite HL, et que l'angle EGK équivaut à

(1) La version dit GH; cette faute n'est pas dans le texte.

l'angle FHL. Il résulte de cette double égalité que l'angle entier AGK est égal à l'angle CHL; de même encore les deux lignes AG, GK sont égales aux deux lignes CH, HL, puisque l'angle AGK équivaut à l'angle CHL; donc la base AK est égale à la base CL. Mais AK est moindre que OP, parce qu'elle est plus éloignée du centre; donc enfin CL est moindre que OP.

14. *Sur la proposition* V, *p.* 14, *l.* 11.

Pour démontrer que l'angle CAD (*fig.* 4 et 18) n'est que de deux degrés, je construis à part l'angle CAD (*fig.* 18) et le cercle des signes EFGH. Du centre, je mène à angles droits les diamètres FH, GE qui partagent la circonférence en quatre parties égales, et j'y forme l'angle HKL égal à CAD. Puisque dans les cercles égaux les angles ont le même rapport que les arcs qui les soutiennent, on aura la proportion : comme HKL est à HKE, EKF, FKG, GKH; ainsi l'arc HL est à la circonférence entière EFGH; mais HL est la cent quatre-vingtième partie de la circonférence entière; donc l'angle HKL est aussi la cent quatre-vingtième partie de quatre angles droits : si donc, par exemple, l'angle HKL est 2, les quatre angles seront 360. Or, les angles droits sont tous égaux entre eux; en sorte que si HKL est la cent quatre-vingtième partie des quatre angles droits HKE, EKF, FKG, GKH, il sera la quarante-cinquième partie de l'un d'eux : or, CAD est égal à HKL; donc CAD sera la quarante-cinquième partie d'un angle droit.

15. *Sur la même proposition*, *p.* 14, *l.* 24.

Puisque la droite BG (*fig.* 4) est moindre que la quarante-cinquième partie de la droite BA, la droite AG (1) est plus que quarante-quatre fois plus grande que BG; car si AG était exactement quarante-quatre fois plus grande que BG, BG serait exactement la quarante-cinquième partie de AB; AG contient donc BG plus de quarante-quatre fois; ainsi BG est plus petit que la quarante-quatrième partie de AG. Alors, si la droite AB était divisée en quarante-cinq (2) parties égales, BG en serait une, si elle n'était plus petite que la quarante-quatrième partie de la droite GA.

16. *Sur la même proposition*, *p.* 14, *l.* 27.

Soit le triangle ABC (*fig.* 19), et soit AB moindre que AC. Je dis que AB a une plus grande raison

---

(1) Et non BA, comme dit le texte.

(2) Et non 44, comme dit le texte.

à AC que l'angle C à B. Soit menée la perpendiculaire AD, et la droite AH parallèle à BD. Puisque AC est plus grand que AB, le carré de AC est plus grand que le carré de AB ; ainsi le parallélogramme construit sur AD et CD est plus grand que celui construit sur AD et BD. Si l'on divise par le côté commun AD, il en résultera que CD est plus grand que BD. Je retranche DE égal à BD, et je mène la ligne AE. Cette ligne AE sera donc égale à la ligne AB. Du centre A et de l'intervalle AE, je décris le cercle EFG ; et par le point F, où ce cercle coupe AC, je mène la ligne EF que je prolonge ; elle coupera la ligne AG en un point H, puisqu'elle coupe déja sa parallèle BC ; puis donc que le triangle HAF a une plus grande raison avec le segment GAF que le triangle FAE avec le segment FAE, il en sera de même de la base et des angles. Ainsi, le rapport de FH à FE, ou à cause de la similitude des triangles HAF, FEC, celui de AF à CF sera plus grand que celui de l'angle HAF à l'angle FAE. *Dividendo* et *convertendo*, et au contraire, le rapport de AF à AC sera plus grand que celui de l'angle GAF à l'angle GAE. Or, AF est égal à AE, c'est-à-dire à AB ; ainsi le rapport de AB à AC sera plus grand que celui de l'angle C à l'angle B.

17. *Sur la même proposition, p.* 15, *l.* 4.

Une raison est dite composée de plusieurs raisons, lorsque les quantités qui forment celles-ci ayant été multipliées les unes par les autres et terme à terme, ont produit une nouvelle raison.

18. *Sur la même proposition, p.* 15, *l.* 16.

Soit tirée (*fig.* 20) la secante AF qui y sera distincte de la tangente AD; on reconnaîtra clairement que AF est plus grand que AD; que l'on retranche donc AM égal à AD, et que l'on joigne les points D et M par une ligne DM; puisque AM et AD sont égales, les angles sur MD seront aigus; l'angle FMD sera conséquemment obtus. Je mène la corde DF, qui sera, par conséquent, plus grande que DM. Je retranche encore à présent AX et AN égales aux lignes AH et AK: comme AM et AD sont égales entre elles, ainsi que AN et AX, les différences de ces lignes, c'est-à-dire MN et DX, seront de même égales. On aura donc AN:MN :: AX:DX. Ainsi DM et NX (1) sont parallèles, et le triangle MAD est semblable au triangle NAX. De cette similitude

(1) C'est par erreur que le texte dit XD et NM.

résulte la proportion DM : AM :: NX : AN, et comme AM est plus grand que AN, réciproquement DM est plus grand que NX. Mais on a prouvé que DM était moindre que DF; à plus forte raison donc DF sera plus grand que NX; or, la droite DF est égale à la droite HK, puisque ce sont les cordes de deux arcs égaux; ainsi HK est plus grand que NX. Donc, puisque les deux droites AH, AK, sont égales aux deux droites AX, AN, et que la base HK est plus grande que la base NX, l'angle HAK sera plus grand que l'angle NAX, en sorte que l'angle FAD est plus petit que l'angle HAK.

19. *Sur la même proposition*, *p.* 13, *l.* 11.

Pappus, dans le sixième livre de ses collections, proposition 38, s'exprime ainsi :

Nous rapporterons un lemme choisi parmi ceux qui servent à expliquer le quatrième (dans cette édition, c'est le cinquième) théorème de ce livre, proposition digne de nous occuper.

Soit le cercle ABC (*fig.* 21), dont le diamètre AC est prolongé jusqu'en D. Soit E le centre du cercle, et de ce point E soit mené perpendiculairement sur ACD le diamètre BEF. Du point D, pris à volonté, soit menée la ligne DH tangente au cercle ABC, et que la moitié de FH soit portée des deux côtés de C aux points K et L, par les arcs CK, CL. Soient ensuite tirées les lignes DK, DL, DF. Je dis que l'angle KDL est plus grand que l'angle FDH. Pour le prouver, il faut d'abord démontrer ce qui suit:

Soit le cercle ABC (*fig.* 22), dont le diamètre AC est prolongé jusqu'au point D: et de ce point D, soit tirée dans le cercle une ligne quelconque DEF; je dis que l'arc AF est plus grand que l'arc CE.

Soit en effet G le centre de ce cercle, et soient tirés les rayons FG, EG. L'angle en F sera égal à l'angle en E, et puisque GFD forme un triangle, l'angle extérieur AGF est plus grand que l'angle intérieur et opposé, c'est-à-dire celui qui est au point F ou GFE, le même que l'angle en E ou GEF. Or, l'angle en E est plus grand que DGE, puisque ce dernier est hors du triangle. Ainsi cet angle AGF est plus grand que DGE, et tous deux sont au centre. L'arc AF est conséquemment plus grand que l'arc CE, ce qu'il fallait démontrer.

Soit le cercle AB (*fig.* 23), dont le centre est D, et hors du cercle le point C; que l'on mène ensuite le diamètre CLDK et la droite CF tangente au cercle. Ensuite que l'on mène perpendiculairement sur le diamètre KL un rayon AD; que l'on coupe en deux parties égales l'arc AF au point E, et que l'on mène les droites CBA, CGE; je dis que l'angle ACE est plus grand que l'angle ECF.

Soient en effet tirées les lignes EB, FG (*fig.* 24): puisque EB est plus grand que FG, BC est moindre que CG; et le rapport de EB à BC sera plus grand que celui de FG à CG. Que l'on fasse donc la proportion : comme BE est à BC, ainsi GH est à CG, et que l'on mène CH. Puisque les angles ABE, EGF sont égaux entre eux, étant appuyés sur deux arcs égaux AE, EF, les autres angles EBC, FGC seront de même égaux entre eux, et les côtés placés autour des angles égaux seront proportionnels. Ainsi, le triangle CBE sera semblable au triangle CGH; conséquemment les angles ACE, ECH seront égaux, et l'angle ACE sera plus grand que l'angle ECF.

Si enfin nous reprenons la figure 21 pour y laisser toutes les lignes qui s'y trouvent tracées, je dis que l'angle KDL est plus grand que l'angle FDH.

Soit coupé (*fig.* 25) (1) l'arc FH en deux parties égales au point M, et soit tirée la ligne MD. Il résulte nécessairement de ce qui vient d'être démontré, que l'angle FDM est plus grand que

(1) On observera que cette figure est mal construite dans l'édition de Wallis, où DY ne continue pas DR, comme l'exige le scholie.

l'angle HDM. Soient prolongées BEF, DL, jusqu'aux points N et X, en prenant la droite FN égale à AD, et soient menées les lignes NM, DN, FM. C'est pourquoi ABC étant un cercle qui a pour diamètre prolongé ACD, et la ligne DLX ayant été tirée du point D au point X, en coupant la circonférence, l'arc AX sera plus grand que CL. Mais l'arc CL est égal à l'arc FM, puisque tous deux équivalent à la moitié de l'arc FH. L'arc AX est conséquemment plus grand que l'arc FM. Soit pris un arc AO égal à FM, et soient tirées les lignes AO, DO. Puis donc que la demi-circonférence AFC est égale à la demi-circonférence FCB, et que l'arc AO est égal à l'arc FM, les arcs restans CO et BM seront égaux. Mais l'angle DAO est appuyé sur l'arc CO et l'angle NFM sur l'arc BM. Ainsi les angles DAO et NFM seront égaux, et chacun d'eux sera plus petit qu'un angle droit. Puisque AD est égal à FN et AO à FM, les deux lignes AD, AO sont égales aux deux lignes FN, FM, et l'angle DAO est égal à l'angle NFM; il en résulte que la base DO doit être égale à la base MN, et les autres angles d'un triangle seront égaux aux autres angles de l'autre. Ainsi l'angle ADO est égal à l'angle FNM. De plus, puisque BAF est la demi-circonférence du cercle, elle sera moins grande (1)

(1) La version latine dit *major* au lieu de *minor*.

que l'arc FABG sur lequel est appuyé l'angle FMG. Ainsi l'angle FMG est plus grand qu'un angle droit, et il a pour soutendante la ligne FR dans le triangle FRM, où RM est soutendante de l'angle aigu MFR. Donc FR est plus grande que MR. Soit à présent prolongée MR jusqu'en S, en fesant FR égale à RS. Puisque la ligne entière ACD est égale à la ligne entière FBN, et que AE est égale à EF, les lignes restantes DE, EN sont égales; ainsi l'angle EDN est égal à l'angle END, et l'angle EDN est plus grand que l'angle DNR: C'est pourquoi le côté NR est plus grand que le côté DR. Soit prolongé DR jusqu'en Y, en fesant RY égale à NR, et soit tirée SY. Puisque FR est égale à RS, de même que NR à RY, les deux lignes FR, NR sont égales aux deux lignes RS, RY, et l'angle FRN est égal à SRY, puisqu'ils sont opposés au sommet. Donc la base NF égale la base SY et les autres angles sont aussi égaux chacun à chacun. Ainsi l'angle NFR est égal à l'angle RSY. Mais l'angle DMR est plus grand que l'angle RSY, puisqu'il est hors du triangle; ainsi l'angle DMR est plus grand que l'angle NFR. Or, l'angle NRF est égal à l'angle DRM; c'est pourquoi l'angle restant FNR est plus grand que l'angle restant RDM. Mais on a prouvé que l'angle FNR était égal à l'angle ADO; ainsi l'angle ADO est plus grand que l'angle RDM, et par cette raison, l'angle ADX est plus grand que l'angle RDM. Or, l'angle KDL (*fig.* 21) est double de l'angle CDL; et l'on a prouvé que l'angle FDH (*fig.* 25) était moindre que le double de l'angle RDM. Donc l'angle KDL (*fig.* 21) est plus grand que l'angle FDH.

20. *Sur la proposition* VII, *p.* 17, *l.* 1.

Le plan se trouve déterminé par le triangle que forment les lignes de jonction.

21. *Sur la même proposition*, *p.* 17, *l.* 26.

La ligne AF doit être menée par l'extrémité A.

22. *Sur la même proposition*, *p.* 17, *l.* 28.

De même que dans les démonstrations précédentes, si BF (*fig.* 5) est perpendiculaire au cercle, il est clair qu'elle est aussi perpendiculaire au plan. Si elle l'est au plan, par la réciproque de la dernière proposition d'Euclides, une droite est perpendiculaire à un plan, quand elle l'est à toutes les tangentes, et à la droite AF, parce que cette droite AF est dans le plan du cercle.

23. *Sur la proposition* VIII, *p.* 19.

Cette proposition s'accorde avec les démonstrations de l'Almageste. On y démontre en effet que si le demi-diamètre de la terre est pris pour unité, le demi-diamètre de la lune sera $0^d\ 17'\ 33''$, et le demi-diamètre du soleil $5^d\ 30'$; ainsi le demi-diamètre du soleil est au demi-diamètre de la lune, c'est-à-dire la distance du soleil est à la distance de la lune, au-dessus du rapport de 18 à l'unité, et au-dessous de celui de 20 à cette même unité. En effet, le demi-diamètre du soleil est au demi-diamètre de la lune, comme la distance du soleil à la terre est à la distance de la lune à la terre. Ainsi l'on a (*fig.* 26) AD est à CE (1) comme AB est à BC. L'œil est supposé au point B, et le demi-diamètre de la lune est représenté par CE, celui du soleil par AD. Ainsi la distance du soleil à la terre est plus de 18 fois et moins de 20 fois plus grande que la distance de la lune à la terre.

24. *Sur la même proposition.*

(Ce scholie renvoie seulement à la proposition précédente pour une phrase de la démonstration qui s'y rapporte en effet.)

---

(1) Et non CD, comme le dit la version latine. Cette faute est purement d'impression, et ne se trouve point dans le texte.

25. *Sur la même proposition, p. 19, l. 18.*

Puisque l'angle extérieur BHF (*fig.* 6) est obtus et plus grand que l'angle droit intérieur BEF, BG est plus grand que BH, et BH que BE. Ainsi le cercle décrit du centre B avec le rayon BE, coupe la ligne BG (1), tombe sur la ligne BE; et par la section et les triangles on achève la démonstration comme les précédentes.

26. *Sur la même proposition.*

(Ce scholie renvoie à la sixième proposition du livre d'Euclides, sur les plans.)

27. *Sur la même proposition, p. 20, l. 14.*

Il a été démontré que l'angle décrit dans un demi-cercle, est droit; et réciproquement lorsqu'un angle est droit, il est décrit dans un demi-cercle. Car, soit (*fig.* 27) un triangle rectangle ABC, ayant son angle droit au point B, et soit décrit autour de ce triangle le cercle ABCD. Je dis que l'arc ABC est la moitié de la circonférence. S'il ne l'est pas, il sera plus grand ou plus petit. Si d'abord il est plus petit, soit décrite au-dessus la demi-circonférence AEC, et soit tirée la ligne

---

(1) Et non BE, comme écrit la version latine seule.

EC. Puis donc que l'angle E est dans un demi-cercle, il est droit : d'un autre côté, l'angle B a aussi été supposé droit. Ces deux angles, dont l'un est extérieur et l'autre intérieur, sont donc égaux, ce qui est absurde. Le raisonnement sera le même, si l'arc ABC est supposé plus grand que la demi-circonférence.

28. *Sur la même proposition, p. 21, l. 26.*

Soit (*fig.* 28) un cercle entier, dans lequel BAC soit la trentième partie d'un angle droit. Je dis que l'arc BC est la soixantième partie du cercle entier. En effet, puisque dans le cercle les arcs sont en même raison que les angles qui y sont appuyés, on aura cette proportion : comme l'angle A est aux angles A, B, C, c'est-à-dire, comme l'angle A est à deux angles droits, ainsi l'arc BC est à la circonférence entière. Mais l'angle A est la soixantième partie des angles A, B et C, c'est-à-dire de deux angles droits ; car, s'il est la trentième d'un angle droit, il est la soixantième de deux. Ainsi l'arc BC est la soixantième partie de la circonférence entière.

29. *Sur la même proposition, p. 22, l. 2.*

Soit le cercle ABC (*fig.* 28), et l'arc AB plus grand que l'arc AC ; en sorte que la droite AC soit plus petite que la droite AB. Je tire la ligne BC. Certainement par le lemme joint à la quatrième proposition, AC est à AB dans une plus grande proportion que l'angle B à l'angle C. En effet, l'angle B est à l'angle C, comme l'arc AC est à l'arc AB, et conséquemment la droite AC est à la droite AB dans une proportion plus grande que l'arc AC à l'arc AB. Ainsi, *convertendo*, la droite AB est à la droite AC en moindre proportion que l'arc AB à l'arc AC; en sorte que l'arc AB est à l'arc AC en plus grande proportion que la droite AB à la droite AC.

30. *Sur la même proposition* (1), *p.* 20, *l.* 19.

Puisque (*fig.* 6) l'angle EBF du triangle EBF est coupé en deux parties égales par la droite BG, et que cette droite coupe la base EF, les segmens FG, EG ont entre eux le même rapport que les autres côtés du triangle BF, BE. On aura donc BF est à BE, comme FG est à EG. Ainsi, comme le carré de la droite BF est à celui

(1) Ce scholie fait partie d'un manuscrit copié par Henri Savil sur un manuscrit du Vatican, et laissé par lui aux professeurs du collége qu'il avait fondé à Londres. (*Joannis Wallis operum mathematicorum volumen tertium*. Oxoniæ, 1699, p. 568.)

de la droite BE, de même le carré de la droite FG est à celui de la droite EG.

31, 32. *Sur la proposition* X, *p.* 23.

(Ces deux scholies sont de simples remarques qui avertissent que la proposition repose sur la similitude des triangles, et que les diamètres sont doubles des rayons.)

33. *Sur la proposition* XI, *p.* 24.

On fait voir dans l'Almageste que le rapport du soleil à la lune est celui de 664 $\frac{1}{2}$ à 1, ce qui s'accorde avec Aristarque.

34, 35. *Sur la même proposition.*

(Le scholie 34 renvoie à la proposition précédente, et le suivant au huitième livre de l'arithmétique d'Euclides.)

36. *Sur la même proposition.*

Le cube a trois fois la raison qui se trouve de A à B, ainsi que cela est démontré dans les dernières propositions du cinquième livre des plans. Lorsque la grandeur C est en raison proportionnelle de A à C, elle a une raison double de B. F est à H en double raison de F à G (*fig.* 29.)

37. (Ce scholie sur la même proposition renvoie à la dernière proposition du deuxième livre des solides.)

38. *Sur la proposition* XII, *p.* 24.

Si une figure est plus petite que deux quarante-cinquièmes parties d'une autre, et plus grande que la trentième partie de cette autre, comment trouverons-nous l'intervalle qui les sépare? Pour cela, soit pris le nombre 60, dont nous ôterons 45, il reste 15; afin d'en faire des minutes, je multiplie 60 par 10, puis par 15, ce qui me donne 900, dont la quarante-cinquième partie est 20; 40 fois 20 font 800, et 5 fois 20 font 100: appliquant ce calcul au nombre 60, sa quarante-cinquième partie sera 1′ 20″; deux quarante-cinquièmes parties 2′ 40″; la trentième partie est 2′: l'intervalle demandé sera donc 0′ 40″; voici le calcul:

60 :	une 45ᵉ partie,	1′ 20″.
60 :	deux 45ᵉˢ parties,	2′ 40″.
60 :	30ᵉ partie,	2′.

39. *Sur la même proposition.*

(Ce scholie renvoie à la proposition V et au scholie 14 qui s'y rapporte.)

40. *Sur la même proposition*, *p.* 25, *l.* 13.

La ligne AC (*fig.* 9) est tangente à la lune, lorsque le cône la comprend.

41. *Sur la même proposition.*

L'angle CDE (*fig.* 9) est droit, car il est compris dans la demi-circonférence.

42. *Sur la même proposition.*

Le triangle ACB (*fig.* 9) est semblable au triangle BCH; l'angle droit ACB est en effet égal à l'angle droit BHC, et l'angle B est commun; en sorte que le troisième angle BCH est nécessairement égal au troisième angle BAC.

43. *Même proposition*, 2e *partie*, *p.* 25, *l.* 26.

(Renvoi au corollaire joint au lemme sur la cinquième proposition.)

44. *Même proposition.*

On a prouvé, en effet, que CE (*fig.* 9) est à AB comme CD est à DF, c'est-à-dire à AC.

45. *Sur la proposition* XIII, *p.* 27, *l.* 26.

Si l'angle entier CAD (*fig.* 10) est la quarante-cinquième partie d'un angle droit, sa moitié, c'est-à-dire CBF n'est que la quatre-vingt-dixième partie d'un angle droit.

46. *Sur la même proposition*, *p.* 28, *l.* 1.

Puisque BAC (*fig.* 10), ainsi qu'il a été démontré plus haut, est égal à BCD, et que BCD est évidemment égal à CBF, il s'ensuit que BAC est égal à CBF.

47. *Sur la même proposition*, *p.* 28, *l.* 10.

L'arc GKF (*fig.* 10) étant plus grand que l'arc CED, soit pris l'arc FK égal à l'arc CED, et soient tirées les lignes GK, FK. Les cordes FK, CD sont égales; et puisque FG est plus grand que FK, FK aura avec FG un plus grand rapport que l'angle G à l'angle K; or la ligne droite FK est égale à la droite CD; ainsi CD est à FG dans un plus grand rapport que l'angle G à l'angle K. Mais l'angle G est à l'angle K comme l'arc KF est à l'arc GEF; ainsi CD est à FG dans un plus grand rapport que l'arc FK ou l'arc CED à l'arc GEF.

48. *Sur la proposition* XIV, *p.* 29, *l.* 7.

Lorsque la lune commence à tomber dans l'ombre de la terre, le triangle BLN (*fig.* 11) est naissant.

49. *Même proposition*, *p.* 29, *l.* 21.

L'arc NLX contient toute l'ombre de la sphère lunaire (*fig.* 11.)

50. *Même proposition*, *p.* 29, *l.* 25.

LX (*fig.* 11) est égal à LN.

51. *Même proposition*, *p.* 30, *l.* 14.

L'arc NLX est tout entier dans l'obscurité, et le globe lunaire n'en occupe qu'une partie.

52. *Même proposition*, *p.* 32, *l.* 4.

Dans les propositions précédentes, on a démontré que les lignes tirées du centre de la terre à l'extrémité du cercle qui distingue la partie obscure de la partie éclairée, sont tangentes à ce cercle.

(Le scholie 53 ne renferme que des raisonnemens arithmétiques presque intraduisibles dans notre langue, parce que les nombres grecs n'étant exprimés que par des lettres, ne donnaient aucune prise aux opérations, et exigeaient une foule d'observations ingénieuses, mais inutiles pour nous.)

54. *Même proposition*, *p.* 32, *l.* 16.

Puisqu'on a vu dans la proposition précédente que la droite déterminant dans la lune la partie éclairée et la partie obscure, est plus petite que le diamètre de la lune, mais qu'elle a avec lui un rapport plus grand que celui du nombre 89 à 90; cette même ligne aura avec le demi-diamètre un rapport plus grand que celui de 89 à 45.

55. *Même proposition*, *p.* 30, *l.* 14.

Puisque les droites LX, LN (*fig.* 11) sont égales, les angles LXN et LNX seront égaux; or, les angles LNX et NLO sont égaux; donc l'angle LXN est égal à l'angle NLO. De plus, puisque les droites CL, CN sont égales, les angles CNL et CLN sont égaux, mais l'angle CLN est égal à l'angle LNX; donc l'angle LCN, qui est le troisième du triangle, est égal à l'angle NLX.

56. *Même proposition*, *p.* 30, *l.* 15.

En effet, la droite BL (*fig.* 11) touche le cercle de la lune, et est perpendiculaire au rayon CL. Si l'on tire BX, cette ligne sera égale à BN, puisque ce sont les rayons d'un même cercle NLX. Il en est de même de BL qui forme deux triangles, dont les deux bases LX, LN sont égales, ainsi que les angles et toutes les autres parties des deux triangles.

57. *Même proposition*, *p.* 30, *l.* 22.

Puisque les trois lignes droites NX, LN, CL sont proportionnelles, on aura LN est à CL, comme NX est à LN. Mais LN est à CL dans un rapport plus grand que celui de 89 à 45; ainsi NX est aussi à LN dans un rapport plus grand que celui de 89 à 45. Multipliant ces deux nombres par 45, on aura les produits 4005 et 2025. Or, quand un nombre, en multipliant deux autres, donne deux produits, ces produits sont en même raison que les deux qui ont été multipliés. Ainsi 89 est à 45 comme 4005 est à 2025. D'un autre côté, les nombres 89 et 45, multipliant le nombre 89, produisent 7921 et 4005. On a donc la proportion 89:45 :: 7921 : 4005. On a démontré précédemment que 89:45 :: 4005:2025; ainsi les trois proportions 89 est à 45, 4005 est à 2025, et 7921 est à 4005 sont les mêmes. Puisque la droite LN est à CL en plus grand rapport que 89 à 45, et que 89:45 :: 4005:2025, LN sera à CL en plus grand rapport que 4005 à 2025. D'un autre côté, puisque NX est à LN en plus grand rapport que 7921 à 4005, en prouvant que LN est à CX en plus grand rapport que 4005 à 2025, on a prouvé que NX est à CL en plus grand rapport que 7921 à 2025 (1). Ainsi NX aura, avec LO double de CL, un rapport plus grand que celui de 7921 à 4050, qui est double de 2025.

58. *Même proposition*, *p*. 30, *l*. 22.

Les trois droites NX, LN, CL (*fig.* 11) étant proportionnelles, on sait que la première sera à la troisième, comme le carré de la première est au carré de la seconde. De même, en changeant l'ordre de ces quantités, on aura la proportion : comme le carré de la première est au carré de la seconde, ainsi la première est à la troisième. Comme donc NX est à CL, ainsi le carré construit sur NX est au carré construit sur NL. Or, on est convenu que le carré de NX était au carré de NL en plus grand rapport que 7921 à 2025 : ainsi NX est à CL en plus grand rapport que 7921 à 2025. Or, la droite LO est double de la droite CL, de même que le nombre 4050 est double du nombre 2025; en sorte que la droite NX est avec la droite LO en plus grand rapport que 7921 à 4050. C'est ainsi, en effet, que cela a été démontré dans l'exposition du livre sur l'autre et sur la double raison.

(1) Je supprime ici une répétition inutile dans le texte.

59. *Même proposition*, p. 30, l. 25.

En effet, puisque des nombres multipliés, ou divisés, de la même manière, conservent le même rapport, 7921 sera conséquemment à 4050, comme la quatre-vingt-dixième partie de l'un est à la quatre-vingt-dixième partie de l'autre. Or, la quatre-vingt-dixième partie de 7921 est $88\frac{1}{90}$, et la quatre-vingt-dixième partie de 4050 est 45. On aura donc $7921 : 4050 :: 88\frac{1}{90} : 45$; en sorte que 7921 est à 4050 en plus grand rapport que 88, sans la fraction $\frac{1}{90}$, à 45. Car, lorsque deux quantités sont inégales, la plus grande a un plus grand rapport à elle-même que la plus petite. Donc $88\frac{1}{90}$ a un plus grand rapport à 45 que 88 à 45. Or, $88\frac{1}{90} : 45 :: 7921 : 4050$; ainsi 7921 est à 4050 dans un rapport plus grand que celui de 88 à 45.

60. *Même proposition*, p. 31, l. 12.

Puisque l'on a prouvé que NX (*fig.* 11) est au diamètre de la lune dans un rapport plus grand que celui de 88 à 45, et que le diamètre de la lune est au diamètre du soleil dans un rapport plus grand que celui de 45 à 900; par la même raison, NX aura avec le diamètre du soleil un rapport plus grand que celui de 88 à 900:

en sorte que si l'on divise par 4, le rapport se réduira à celui de 22 à 225.

61. *Même proposition*, p. 31, l. 18.

Si NX (*fig.* 11) était, en effet, double du diamètre de la lune, par exemple dans le rapport de 4 à 2; le diamètre de la lune étant la dix-huitième partie de celui du soleil, leur rapport étant celui de 2 à 36; NX serait la neuvième partie du diamètre du soleil. Mais comme nous avons montré qu'elle est moindre, elle ne vaut pas la neuvième partie du diamètre du soleil. Cependant 4, 2, 36 ont approximativement les mêmes proportions que NX, le diamètre de la lune et le diamètre du soleil.

62. *Même proposition*, p. 31, l. 17.

Puisque le diamètre du soleil (*fig.* 30) (1) est plus de 18 fois plus grand que le diamètre de la lune, le diamètre de la lune n'est pas la dix-huitième partie du diamètre du soleil, mais moindre. Car, si ce diamètre était la dix-huitième partie de l'autre, celui-ci serait exactement 18 fois plus grand.

---

(1) C'est par erreur que la version de ce scholie dit (fig. 27).

63. *Même proposition*, p. 32, l. 16.

Puisque l'on a prouvé que le diamètre du soleil est moins de 20 fois plus grand que le diamètre de la lune, le diamètre de la lune est conséquemment plus grand que la 20ᵉ partie de celui du soleil. Supposons donc que le diamètre du soleil soit 20, et que celui de la lune soit $1\frac{1}{2}$, puisqu'il est plus grand que la 20ᵉ partie. Comme les termes d'un rapport multipliés par un même nombre conservent le même rapport, on aura la proportion : comme 20 est à $1\frac{1}{2}$, ainsi 45 fois 20 est à 45 fois $1\frac{1}{2}$; on aura donc comme 20 est à $1\frac{1}{2}$, ainsi 900 est à $67\frac{1}{2}$, et réciproquement : comme $1\frac{1}{2}$ est à 20, ainsi $67\frac{1}{2}$ est à 900. Or, lorsque deux quantités sont inégales, la plus grande est avec elle-même en plus grand rapport que la plus petite. Ainsi le rapport de $67\frac{1}{2}$ à 900 est plus grand que celui de 45 à 900. Or, $67\frac{1}{2}:900 :: 1\frac{1}{2}:20$, ou comme le diamètre de la lune est à celui du soleil. C'est ce qui a été dit très brièvement. Car 1 est à 20 comme les produits de ces deux nombres par 45, ou comme 45 est à 900. Je tire de ce raisonnement la conclusion suivante : la droite NX (*fig.* 11), est au diamètre de la lune en plus grand rapport que 88 à 45. Conséquemment NX est au diamètre du soleil en plus grande raison que 88 à 900, ou que le quart de ces deux nombres, c'est-à-dire 22 à 225. NX, le diamètre de la lune et le diamètre du soleil sont donc à-peu-près comme les nombres 88, 45, 900. (La fin de ce scholie m'ayant paru inintelligible, je renvoie au texte ceux qui voudront rétablir le sens altéré probablement par des erreurs de copistes des manuscrits anciens.)

64. *Même proposition*, *p.* 33, *l.* 1.

Le diamètre de la lune n'est pas la 20e partie de celui du soleil, mais plus grand.

65. *Même proposition*, *p.* 33, *l.* 10.

Les quarts de deux nombres ont le même rapport qu'eux.

66. *Même proposition*, *p.* 32, *l.* 20.

Soit BIC (1) (*fig.* 30) (2) le cercle du soleil dont le centre est A; et DJE (3) le cercle de la

(1) Et non BCK, comme le dit le texte, ce qui est une faute.

(2) Et non (fig. 27), comme l'indique mal la version latine.

(3) Et non DEL. J'ai ajouté à la figure les lettres I et J, qui m'ont paru nécessaires.

lune dont le centre est F; soient les côtés du cône comprenant le soleil et la lune BDM, CEM; les droites qui le terminent BC, DE; et que les lignes passant par les points de contingence B et D, et par les centres A et F, soient prolongées jusqu'aux points K et L où elles rencontrent la ligne CE, aussi prolongée. Puisque les angles G et H sont droits, BG et DH sont parallèles. Comme le triangle BGM est semblable au triangle DHM, on aura la proportion : BG : DH :: BM : DM. Or, BG : DH :: BC : DE ; ainsi BM : DM :: BC : DE. On démontrerait de même que BK : DL :: BM : DM; car AB est parallèle à DF. On aura donc la proportion DE : BC :: DL : BK ; et, *convertendo*, DE : DL :: BC : BK, ce qu'il fallait démontrer.

67. (Ce scholie renvoie à la proposition précédente.)

68. (Celui-ci répète que les moitiés sont comme les entiers.)

69. *Même proposition*, *p*. 32, *l*. 20.

Le triangle AQY (*fig*. 11) est semblable au triangle SAY.

70. *Même proposition*, *p*. 32, *l*. 20.

Si l'on mène le diamètre AV (*fig*. 11), comme les tangentes sont égales, l'énoncé devient manifeste.

71. *Même proposition*, *p.* 33, *l.* 1.

La droite NX (*fig.* 11) a avec PR, par la même raison, un rapport plus grand que celui du produit des antécédens au produit des conséquens, comme il a été démontré au scholie 54, sur cette même proposition, dans un lemme sur les parties.

72. *Même proposition*, *p.* 33, *l.* 9.

En effet, puisque NX (*fig.* 11) est au diamètre du soleil en rapport plus grand que celui de 22 à 225, soient multipliés ces deux nombres par 89; les produits seront 1958 et 20025 (1), et l'on aura 22 : 225 :: 1958 : 20025. D'un autre côté, puisque le diamètre du soleil est à PR en plus grand rapport que 89 à 90, soient multipliés ces nombres par 225. Les produits seront 20025 et 20250, et l'on aura 89 : 90 :: 20025 : 20250. Ainsi, puisque NX est au diamètre du soleil en plus grande raison que 22 à 225, et que 22 : 225 :: 1958 : 20025, NX est au diamètre du soleil en plus grande raison que 1958 à 20025. D'un autre côté, puisque le diamètre du soleil est à PR en plus grande raison que 89 à 90, et que 89 : 90

(1) Et non 2025, comme le dit la version latine.

:: 20025 : 20250, on peut conclure que le diamètre du soleil est à PR en plus grande raison que 20025 à 20250. Or, il a été prouvé que NX est au diamètre du soleil en plus grande raison que 1958 à 20025; donc enfin NX est à PR en plus grande raison que 1958 à 20250, ou que les moitiés de ces nombres. Ainsi le rapport de NX à PR est plus grand que celui de 979 à 10125.

73. *Sur la proposition* XV, *p.* 34, *l.* 7.

La droite MO joignant les deux points de tangence, se meut dans l'intérieur de l'arc NLX, comme on l'a dit dans la proposition XIV et dans le scholie 53 qui s'y rapporte.

74, 75, 76. Ces trois scholies renvoient aux propositions XIV, XII et XIII.

77. *Même proposition*, *p.* 35, *l.* 16.

Puisque la droite CM (*fig.* 12 *bis*) est à la droite CS en plus grande raison que 45 à 3, et que 45 est à 3 comme 15 à 1; il en résulte que CM est à CS en plus grande raison que 15 à 1. Or, BC est à CM en plus grande raison que 45 à 1; ainsi, multipliant les deux termes de ce rapport par 15, il deviendra celui de 675 à 15, et BC sera à CM en plus grande raison que 675 à 15; par la même raison, on trouvera que le rapport de BC à CS sera plus grand que celui de 675 à 1.

78. *Même proposition*, *p.* 36, *l.* 2.

C'est-à-dire, que le rapport du produit des antécédens au produit des conséquens. (Voyez scholie 53.)

79. *Sur la proposition* XVI, *p.* 36, *l.* 17.

Puis donc que NX (*fig.* 13) n'est pas la neuvième partie du diamètre du soleil, mais moindre que cette neuvième partie, le diamètre du soleil est plus grand que 9 fois la droite NX, et son rapport avec elle est plus grand que celui de 9 à 1. En effet, quels que soient les termes d'une proportion, toutes les fois que leur rapport est augmenté, le plus grand est augmenté, ou le plus petit diminué: ainsi, puisque la raison de 9 à 1 est neuf fois plus grande, en augmentant le plus grand des deux termes qui est 9, on augmentera la raison du nombre 9 à 1; c'est pourquoi, comme un plus grand nombre a avec un même nombre une plus grande raison qu'un plus petit, le diamètre du soleil a avec NX un rapport plus grand que celui de 9 à 1, et plus encore OP que ce diamètre; car de deux grandeurs inégales, la plus grande a un plus grand rapport avec une troisième, que la plus petite.

80. (Ce scholie renvoie au lemme ajouté à la proposition XIV, sur les parties semblables.)

81. (Celui-ci rappelle la proposition VIII.)

82. *Même proposition*, *p.* 37, *l.* 8.

Puisque AR (*fig.* 13) a avec AB un rapport moindre que celui de 19 à 18, soient multipliés 19 et 18 par le nombre 8 : les produits seront 152 et 144, et l'on aura 19:18 :: 152:144. D'un autre côté, puisque AM est à AR en moindre raison que 9 à 8, soient multipliés les nombres 9 et 8 par 19; les produits seront 171 et 152, et l'on aura 9:8 :: 171:152. Or la droite AR est à AB en moindre rapport que 19 à 18, ou, comme on l'a prouvé, que 152 à 144; la droite AR est donc à la droite AB en moindre rapport que 152 à 144: mais la droite AM est à AR en moindre rapport que 171 à 152; ainsi, par la même raison, AM est à AB en moindre rapport que 171 à 144.

83. *Même proposition*, *p*. 37, *l*. 15.

Céla se prouve de la manière suivante :

Puisque AM (*fig*. 13) est à AR en moindre rapport que 9 à 8, et que AR est à AB en moindre rapport que 19 à 18; il s'ensuit que AM est à AB comme le produit des antécédens est au produit des conséquens, selon ce qui a été démontré dans le lemme déja cité sur la proposition XIV, et leur produit par 9. Ainsi, *convertendo*, AM sera à BM en plus grand rapport que 19 à 3.

84. (Ce scholie renvoie à la proposition VIII.)

85. *Même proposition*, *p*. 37, *l*. 21.

Le raisonnement est le même que celui qui a été fait dans la démonstration du lemme précédent.

86. *Même proposition*, *p*. 38, *l*. 4.

C'est ce qui se démontre ainsi : le rapport de la droite AB à la droite BC (*fig*. 13) est moindre que celui de 20 à 1; mais celui de BC à BR est moindre que celui de 675 à 674; ainsi AB est à BR dans un moindre rapport que le produit des antécédens est au produit des conséquens, ou que 13500 à 674; ce rapport est le même, ainsi qu'on l'a démontré dans le lemme de la proposition XIV, que celui de la moitié de ces produits, ou de 6750 à 337; conséquemment le rapport inverse qui est celui de BR à AB est plus grand que celui de 337 à 6750: *componendo*, on trouvera que le rapport de AR à AB est plus grand que celui de 7087 à 6750.

87. *Même proposition*, *p*. 38, *l*. 20.

Le rapport de la droite AM à la droite AR (*fig*. 13) est plus grand que celui de 10125 à 9146. Or, celui de la droite AR à la droite AB est plus grand que celui de 7087 à 6750; pareillement donc celui de la droite AM à la droite AB est plus grand que celui du produit des antécédens au produit des conséquens; c'est-à-dire, que celui de 71,755,875 à 61,735,500. Or, le nombre 71,755,875 est à 61,735,500 en rapport plus grand que celui de 43 à 37. Veut-on en savoir la raison? soient posés les quatre nombres 71,755,875 et 61,735,500, 43 et 37; et soit multiplié 37 par 71,755,875; on aura 2,654,967,375. Divisant ce produit par 43, le quotient sera 61,743,427$\frac{1}{3}$. Le nombre 2,654,967,375 ou le produit du premier et du quatrième termes, 37 et 71,755,875, sera donc la même chose que le produit du second et du troisième, c'est-à-dire 43 et 61,743,427 $\frac{1}{3}$. Or, quand le produit du premier et du quatrième termes est égal au produit du second et du troisième, les 4 nombres sont proportionnels : on aura donc 43 : 37 :: 71,755,875 : 61,743,427 $\frac{1}{3}$. Or, toute grandeur a une plus grande raison à une moindre quantité qu'une plus petite. Donc le nombre 71,755,875 a une plus grande raison au nombre 61,735,500 qu'à 61,743,427 $\frac{1}{3}$. Or, 71,755,875 : 61,743,427 $\frac{1}{3}$ :: 43 : 37; donc le nombre 71,755,875 est à 61,735,500 en plus grande raison que 43 à 37 (1)

88. *Sur la proposition* XVII, *p.* 39, *l.* 11

Puisque le cube construit sur A est au cube construit sur B en raison triplée de A à B, c'est-

---

(1) J'observerai sur ce rapport de 43 à 37 qu'il est celui que donnent les fractions continues pour exprimer approximativement celui de 71,755,875 à 61,735,500, et qu'ainsi les Grecs, malgré l'imperfection de leur numération, avaient des méthodes semblables aux nôtres. En effet, la fraction qui a pour numérateur 71,755,875 et pour dénominateur 61,735,500, donne la fraction continue dont le numérateur constant est 1, et dont les dénominateurs successifs sont 1, 6, 6, 4, etc. Ainsi les fractions approximatives sont $\frac{1}{1}$ ou 1, $\frac{6}{7}$, $\frac{37}{43}$, $\frac{154}{179}$, etc. On voit que le rapport de 43 à 37 est le troisième et qu'il donne une valeur très-approchée avec d'assez petits nombres.

à-dire, du côté de l'un des cubes à celui de l'autre; et qu'une sphère est à une autre sphère en raison triplée de A à B, c'est-à-dire, du diamètre d'une sphère au diamètre de l'autre, on aura conséquemment : le cube est au cube comme la sphère est à la sphère : or, le cube construit sur A est au cube construit sur B en raison plus grande que celle du cube de 19 ou 6859 au cube de 3 ou 27; moindre que celle du cube de 43 qui est 79,507 à celui de 6 qui est 216. Ainsi, comme le soleil est à la terre, le cube de A est au cube de B. Or, le cube de A est au cube de B en plus grande proportion que 6859, cube de 19, à 27, cube de 3; moindre que 79,507, cube de 43 à 216, cube de 6; le soleil est donc à la terre en plus grand rapport que celui de 6859 à 27, moindre que celui de 79,507 à 216.

(Les scholies 89, 90 et 91 sur la proposition XVIII, renvoient aux propositions XVI, X et XVI.)

92. (Sur la proposition XIX, renvoie à la proposition précédente.)

93. *Même proposition*, *p.* 39, *l.* 2.

J'ai cherché dans les scholies précédens (sch. 38) la valeur moyenne d'une quantité. Le philosophe, en déterminant la plus grande d'une moindre, calcule aussi la moindre d'une plus grande, comme dans cette proposition : la distance qui sépare la terre de la lune est en proportion plus grande que celle de 108 à 43, et moindre que celle de 60 à 19. Il s'exprime encore ici d'une manière semblable. Il s'agit en effet de rapports et non de nombres ; prenons en effet une hipothèse, et triplons 60 et 19. Les parties ayant entre elles le même rapport que les multiples, 60 est à 19 comme 180 à 57; d'où l'on conclut que le diamètre de la terre est au diamètre de la lune en rapport plus grand que celui de 108 à 43, et moindre que celui de 180 à 57; ou plutôt on dira d'après cette proposition : le rapport de 60 à 19 est plus grand que le rapport de 108 à 43. En effet, le premier est plus que triple, et le second est double avec 22 parties de plus; il en résulte que le diamètre de la terre est au diamètre de la lune dans un rapport plus grand que le moindre, et moindre que le plus grand. Ce raisonnement peut être appliqué à toutes les propositions semblables.

OBSERVATIONS

SUR LA TRADUCTION PRÉCÉDENTE.

J'AI fait connaître (p. 234 de mon édition grecque-latine) l'ouvrage publié par Roberval sous le nom d'Aristarque; cet ouvrage est véritablement supposé : mais celui que je donne ici en français pour la première fois, est incontestablement authentique. *Hujus Aristarchi Samii*, dit Ménage, *extat etiamnùm libellus de magnitudinibus et distantiis solis et lunæ* (1). Après avoir observé que Plutarque avait fait mention de cet ouvrage, Fabricius ajoute : *Lectum etiam Pappo Alexandrino, lib. VI, collectionis mathematicæ, propositione* 88, *et seq. hic ipse est liber, qui solus ex Aristarchi scriptis ad nos pervenit, latinè versus à Georgio Vallâ Placentino venit*, 1498, *in-fol.*; *deindè à*

(1) *In Diogenem Laertium Ægidii Menagii observationes. Amstelodami*, 1692, p. 389; note sur le *Segm.* 85 du livre VIII de Diogènes.

Federico Commandino cum ejusdem notis, Pisauri, 1572, *in*-4°; *denique à Joh. Wallisio græcè è codice H. Savilii, qui è Vaticano suum descripserat, editus Oxoniæ*, 1688, *in*-8°, *additis Commandini versione et notis, suisque ipsius animadversionibus. Recusa est hæc editio græcolatina in tomo tertio operum Wallisii, anno* 1699, *fol. Extat et msta* (1) *hujus libri versio arabica duplex* (2).

On voit, par ce qui précède, que l'ouvrage d'Aristarque de Samos, sur les grandeurs et les distances du soleil et de la lune, a été conservé par Pappus (*Mathem. collec., lib. VI*) publié en 1572. Voyez le Dictionnaire de Bayle, à l'article d'Aristarque. George Valla, natif de Plaisance, traduisit le premier l'ouvrage d'Aristarque en latin, et sa version, qui parut à Venise en 1498, ne m'est point parvenue. Mais il existe à la bibliothèque royale, V, 1145, 1, 2, 3, trois exemplaires de la version de Commandin, et de l'édition citée par Fabricius, sous ce titre: *Aristarchus de magnitudinibus et distantiis solis et lunæ liber, additis Pappi Alex. explicationibus quibusdam, à Fed. Commandino, lat. versus, et com-*

(1) *Manuscripta.*

(2) *Jo. Alberti Fabricii biblioth. græcæ*, lib. III, *Hamburgi* 1707, tome II, p. 89.

ment. illustratus : Pisauri. Franciscbini, 1572; in-4°. Ces trois exemplaires n'ont aucune note marginale; ils n'ont été conservés que parce que chacun d'eux est joint à d'autres opuscules. Il n'y a que la version latine sans texte, en 38 pages in-8°, non compris la dédicace latine de Federico Commandini à Alderano Cibo Malaspina, marquis de Carrara. Cette édition a été rendue complètement inutile par celle de Wallis, que je crois avoir surpassée.

Fabricius aurait dû parler ici de l'ouvrage suivant qui se trouve à la même bibliothèque, V, 14, sous ce titre : *Epitome libri precedentis, edita à Joh. Gravio, cum lemmatibus Archimedis, Lond.*, in-fol. 1659. C'est ainsi qu'il est inscrit dans le catalogue de la bibliothèque royale; mais ce même titre, tel qu'il se trouve en tête de l'ouvrage, est : *Lemmata Archimedis, apud græcos et latinos jampridem desiderata, è vetusto codice MS. Arabico, à Johanne Gravio traducta; et nunc primum cum Arabum scholiis publicata, revisa et pluribus mendis expurgata à Samuele Forster, in-fol.; Londini, ex officinâ Leybournianâ*, 1659.

Après les lemmes d'Archimèdes, publiés par Gravius, sur une version arabe, il donne l'abrégé suivant en latin, dont voici la traduction :

Abrégé d'Aristarque de Samos, sur les grandeurs et les distances de trois corps, le soleil, la lune, la terre.

DEMANDES.

I. La lune reçoit sa lumière du soleil.

II. La terre peut être considérée comme un point placé au centre de l'orbite de la lune, relativement à cette orbite.

III. Lorsque nous voyons exactement la moitié de la lune, elle découvre à nos ieux son grand cercle qui sépare la partie obscure de la partie éclairée de cet astre.

IV. Dans ce même tems de la *dikhotomie*, la lune est éloignée du soleil d'un quart de cercle, diminué de sa trentième partie ou de 3 degrés. Cette distance est donc d'environ 87 degrés.

V. La largeur de l'ombre est de deux lunes, c'est-à-dire de 4 degrés, par la supposition suivante.

VI. La lune soutend la quinzième partie d'un signe, ou deux degrés.

Sur cette demande, voyez Archimèdes dans son *Psammitès*, où il détermine, d'après Aristarque, le diamètre d'un cercle qu'il dit être la sept cent vingtième partie du zodiaque, ou la soixantième d'un signe. C'est ainsi qu'Aristarque est aussi cité par Képler, *Epitome*, pag. 476.

Pappus, au livre 6 de ses *Collections mathématiques*, dit que les demandes 1, 3, 4, s'accordent presque avec celles d'Hipparque et de Ptolémée, mais que les autres, savoir 2, 5, 6, en diffèrent.

PROPOSITION VII.

La distance du soleil à la terre est $19\frac{11}{100}$ fois la distance de la lune à la terre.

Car l'angle STL (*fig.* 31), est de 87^d par la quatrième demande, et l'angle L est droit. Donc si TL est le rayon, TS sera la sécante de 87^d, c'est-à-dire à-peu-près $19\frac{11}{100}$.

PROPOSITION VIII.

Les diamètres apparens du soleil et de la lune sont égaux, parce que le soleil entier disparaît dans l'éclipse centrale, et c'est ce que confirment les observations.

PROPOSITION IX.

Le diamètre vrai du soleil est donc $19\frac{11}{100}$ fois le diamètre de la lune (*fig.* 32). Car les diamètres qui paraissent sous le même angle, sont comme leurs distances. C'est pourquoi *ui* (1) : *ua* ($19\frac{11}{100}$) :: *io* : *ae*.

PROPOSITION X.

Le soleil est à la lune à-peu-près comme 6979 : 1; car ils sont comme les cubes de $19\frac{11}{100}$ et de 1, ou comme 6979 : 1.

PROPOSITION XI.

Le diamètre de la lune est la $\frac{7}{200}$ partie de la distance de la lune à la terre, environ.

Car le diamètre apparent de la lune est de 2^{d} par la demande VI; or la soutendante de 2^{d} est au rayon comme 35 est à 1000 (1) à-peu-près, ou comme 7 est à 200.

PROPOSITION XV.

Le diamètre du soleil est au diamètre de la terre, comme 382 à 57.

En effet, puisque, par la demande V, le diamètre de la lune CL (*fig.* 33) est égal à la moitié du diamètre de l'ombre, que l'on retranche AE, diamètre de la lune, de AS, demi-diamètre du soleil $9\frac{555}{1000}$; il restera ES ou $8\frac{555}{1000}$; et puisque

---

(1) Ici désigne un nombre et non un renvoi.

(1) Le texte dit 100 ; c'est une erreur évidente.

ST est $19\frac{11}{100}$ dont l'unité est LT, on aura LS $= 20\frac{11}{100}$, et LT $= 1$. C'est pourquoi comme LS $= 20\frac{11}{100}$: TL $= 1$ :: ES $= 8\frac{555}{1000}$: GT $= 0\frac{4254}{10000}$, et conséquemment le diamètre $2\frac{85}{100}$ parties, desquelles le diamètre du soleil a $19\frac{11}{100}$; or, $19\frac{11}{100}$ sont à $2\frac{85}{100}$ :: $382 : 56\frac{97}{100}$ :: $382 : 57$ à très-peu près.

PROPOSITION XVI.

Le soleil est à la terre comme 55,742,968, cube de son diamètre, est à 185,193, cube du diamètre de la terre, c'est-à-dire, comme 301 : 1.

PROPOSITION XVII.

Le diamètre de la terre est au diamètre de la lune comme 57 à 20. Car la proposition IX a prouvé que le diamètre du soleil a $19\frac{1}{10}$ parties dont le diamètre de la lune est l'unité; et la proposition XV a prouvé que si le diamètre du soleil a $19\frac{11}{100}$ parties, la terre en a $2\frac{85}{100}$. Donc en ces mêmes parties, les demi-diamètres de la terre et de la lune sont entre eux comme $2\frac{85}{100}$ ou $2\frac{17}{20}$ à 1, c'est-à-dire, comme 57 est à 20.

PROPOSITION XVIII.

La terre est à la lune comme 185,193 à 8000, c'est-à-dire à-peu-près $23\frac{15}{100}$ ou $23\frac{3}{20}$ fois plus grande : en effet, ces deux corps sont entre eux comme les cubes de leurs diamètres. Or, les cubes des diamètres 57 et 20 sont 185,193 et 8000, dont le rapport est à-peu-près celui de $23\frac{3}{20}$ à 1 (et si l'on veut une fraction plus approchée, de $23\frac{10}{67}$ à 1).

Nous avons démontré ces propositions à notre manière, d'après les demandes d'Aristarque, par le secours des tables des sinus, tangentes et sécantes, tables qui n'étaient point encore en usage du tems de notre auteur. C'est pourquoi il n'a pu, d'après ses demandes, calculer avec précision les termes de ces quantités, et il a été contraint à les renfermer presque toujours entre deux limites. Il démontre cependant très-ingénieusement ces propositions et les suivantes, que j'ai omises dans cet abrégé, parce qu'elles ne nous sont d'aucun usage. Il a vécu entre Pithagore et Archimèdes, 280 années avant l'ère chrétienne. Schickardus n'a pas vu ce livre.

FIN DE L'ABRÉGÉ D'ARISTARQUE, PAR GRAVIUS.

Suite des Observations sur l'ouvrage d'Aristarque.

Wallis n'avait pas vu peut-être cet abrégé de Jean Gravius, puisqu'il n'en a fait aucun usage dans son édition d'Aristarque, qui se trouve à la bibliothèque royale de France (V, 1596), sous ce titre dans le catalogue : *Idem liber gr. et lat. ex versione Fr. Commandini editus et notis illustratus à Joh. Wallis: Oxon. è theatro Sheldon.* 1688, in-8°. Cette édition m'a été communiquée. Elle est désignée par Fabricius, dans le passage de sa Bibliothèque grecque, qui a été rapporté ci-dessus. L'édition in-folio des Œuvres de Wallis, où la traduction d'Aristarque a été réimprimée, se trouve aussi à la bibliothèque royale (V, 101). Je crois devoir traduire ici l'avertissement de Wallis, sur son édition, et c'est lui qui va parler.

PRÉFACE DE WALLIS.

La société d'Oxford, qui a reçu le nom de philosophique (ayant coutume de s'assembler pour discuter diverses questions sur la philosophie) a pensé qu'il serait utile de publier une édition grecque et latine du petit livre d'Aristarque de Samos, sur les grandeurs et les distances du soleil et de la lune (1). Frédéric Commandin, à qui les mathématiciens ont de grandes obligations, en a publié une version latine à Pésaro, en 1572. La société m'a confié ce travail, et voici tout ce que j'y ai ajouté de mon chef.

Je me suis servi d'un manuscrit grec de mon collègue Édouard Bernard, professeur d'astronomie au collège de Savile. Il l'a copié de sa propre main, il y a déjà long-tems, sur un manuscrit de Savile, que je désignerai par la lettre S, tandis que la copie sera indiquée par B. Henri Savile, si connu par son savoir en littérature et surtout en mathématiques, avait lui-même copié son manuscrit sur un autre plus ancien qui existait au Vatican. Il a laissé sa copie avec d'autres aux professeurs; et des notes marginales prouvent qu'elle a été collationnée autrefois avec un ancien manuscrit que je désignerai par V, et par le moyen duquel plusieurs fautes ont été corrigées.

J'ai conservé en entier la version de Commandin. Elle convient tellement à ces manuscrits grecs, que je la crois dérivée de la même source.

---

(1) J'ai dit plus haut que George Valla en a été le premier traducteur. Wallis semblerait ici l'avoir ignoré; mais il en parle plus bas.

Ce traducteur a inséré dans sa version diverses choses concernant Aristarque, qu'il a tirées de Pappus. J'ai conservé ces additions, et j'y ai joint le texte grec d'après les deux manuscrits de Pappus, par Savile. Celui de ces deux manuscrits dont l'écriture est la plus belle, est le plus fautif, tandis que celui que l'on a écrit le plus mal et le plus vite, est le plus correct. Je crois ce dernier le texte de l'autre, qu'il m'a servi à corriger. Si quelque passage m'a paru omis ou fautif, je l'ai corrigé d'après mes conjectures sur ce qu'exigeait la démonstration, ou sur ce que supposait la version de Commandin.

J'ai mêlé les notes de Commandin aux miennes, en distinguant celles de cet ancien traducteur par la lettre C. Cependant, lorsqu'il ne s'est agi que de simples citations, tirées d'Euclides, ou d'ailleurs, je les ai insérées dans le texte.

La bibliothèque Bodléïenne contient une autre version latine de George Valla. Mais j'ai préféré celle de Commandin. Deux traductions arabes manuscrites qui avaient appartenu autrefois au célèbre Selden, sont déposées dans la même bibliothèque. C'est là, et dans la version de George Valla, qu'Édouard Bernard a puisé quelques observations dont il a orné la marge de son manuscrit.

Aristarque nomme thèses les mêmes propositions qui ont été supposées par Hipparque et Ptolémée, ainsi que le remarque Pappus. Il s'y trouve quelques différences. Les défauts ne doivent point en être imputés à Aristarque, quand même les hipothèses des deux astronomes qui l'ont suivi seraient un peu plus exactes. En effet, il ne faut pas croire qu'Aristarque ait cru ces propositions tellement vraies, qu'on ne pût les déterminer avec plus d'exactitude : mais il lui suffisait qu'elles approchassent beaucoup de la vérité, et elles s'en éloignent peu. Il n'a prétendu que simplifier ses calculs. Il était déja assez embarrassé en se renfermant dans son sujet : mais il l'aurait été bien davantage s'il avait voulu descendre à ces minuties sur lesquelles les observateurs les plus attentifs ne sont pas même trop d'accord entre eux.

Satisfait d'hipothèses en nombres ronds, mais qui approchaient de la vérité, il ne s'attache point à des détails au-dessous de son sujet. Par exemple, lorsqu'il dit que la terre a le rapport d'un point avec l'orbite de la lune, il ne prétend point que la lune n'ait absolument aucune parallaxe, mais seulement qu'il peut négliger cette parallaxe. De même, lorsqu'il affirme que la largeur de l'ombre est de deux lunes, et que la lune a pour soutendante la quinzième partie d'un signe, il ne donne que des approximations.

Il en est de même des propositions suivantes que lui-même n'énonce pas affirmativement : que les diamètres apparens du soleil et de la lune sont égaux : d'où il infère que les diamètres vrais sont presque proportionels aux distances. La même observation a lieu pour toutes les autres thèses qu'on appellera, si l'on veut, hipothèses. Il destinait ces thèses à déterminer les grandeurs et les distances qu'il ne voulait pas calculer avec plus de précision que n'en permettaient ces suppositions; et il remplit son objet avec une grande subtilité.

Ce petit livre est le seul ouvrage qui nous reste d'Aristarque; c'est du moins le seul que je connaisse de cet auteur. Car il est vraisemblable qu'il en a écrit d'autres que l'injure du tems nous a fait perdre. En effet, nous lui devons ce sistême qui a reçu le nom de Copernic, non parce que Copernic l'avait inventé, mais parce qu'il l'a tiré de l'oubli pour lui rendre la place injustement usurpée par le sistême de Ptolémée. Voici ce qu'en dit Archimèdes dans son Psammitès :

« La plupart des astronomes ayant appelé « *monde* cette sphère dont le centre est le même « que celui de la terre, et le rayon égal à la « ligne droite qui joint le centre du soleil à « celui de la terre, Aristarque de Samos adopte

« l'hipothèse que les étoiles fixes et le soleil sont « immobiles ; que la terre se meut sur la circon- « férence d'un cercle dont le soleil est le centre ; « et qu'enfin la sphère des étoiles fixes, qui a « le même centre que le soleil, est d'une telle « grandeur, que le cercle autour duquel il sup- « pose la terre se mouvoir, a la même propor- « tion avec la distance des étoiles fixes, que celle « qu'a le centre d'une sphère avec sa surface. « Cette hipothèse serait absurde, si elle était prise « à la rigueur : car le centre d'une sphère n'ayant « aucune grandeur, ne peut avoir aucun rapport « avec la surface de cette sphère. Il faut donc « croire qu'Aristarque a seulement voulu dire « qu'en regardant la terre comme le centre du « monde, le rapport de la terre avec ce que nous « appelons le monde, est le même que celui de « ce cercle autour duquel se meut la terre dans « cette hipothèse, à la sphère des étoiles fixes. »

Cette explication convient parfaitement à ce que suppose Aristarque dans ce petit livre, savoir : que la terre a le rapport d'un point et d'un centre avec l'orbite, non-seulement du soleil, mais aussi de la lune. Il n'a pas prétendu que cette grandeur fût absolument nulle, mais seulement qu'elle pouvait être négligée et comptée pour rien dans le calcul qu'il allait entreprendre. Archimèdes poursuit ainsi :

« Cette interprétation est d'autant plus vrai-« semblable, que la sphère dans laquelle Aris-« tarque croit la terre se mouvoir, est par lui « supposée égale en grandeur à ce que nous ap-« pelons le monde, *Cosmos.* »

Tel était, suivant Archimèdes, le sistême d'Aristarque. Mais nous n'avons plus le livre où, d'après le témoignage d'Archimèdes, Aristarque démontrait son hipothèse (1). Il n'est même fait mention de cet ouvrage nulle part ailleurs que je sache. Le livre que Roberval a publié à Paris, en 1643, sous le nom d'Aristarque, et que le père Mersenne a inséré en 1647, dans le tome troisième de ses Observations phisico-mathématiques, est une fiction à laquelle les Parisiens même n'ont ajouté foi ni dans le tems, ni aujourd'hui. J'en avertis, pour que personne n'y soit trompé. On dit que Roberval l'imagina pour exercer son esprit. Il voulut montrer que des principes d'Aristarque, on pouvait aisément dé-

(1) Il paraît même par le passage de Plutarque, mentionné page 234 de mon édition grecque-latine, et qui se trouve dans la septième des Questions platoniques de cet auteur, qu'Aristarque n'avait fait que supposer cette hipothèse démontrée environ quarante ans après lui par Séleucus, géomètre Babilonien.

duire la plupart des inventions de ce siècle et du précédent (les seizième et dix-septième siècles de l'ère chrétienne). Elles s'accordent effectivement avec ces principes. Mais ce livre renferme au moins cette inconséquence, qu'il suppose souvent le mouvement du soleil autour de son axe; tandis que cet axe est entièrement immobile, selon Aristarque, d'après ce qu'en dit Archimèdes. D'ailleurs ce qu'on y dit sur les Æolipiles et sur divers autres objets, prouve assez que l'ouvrage est supposé.

Observations sur la préface de Wallis.

Sur ce que dit Wallis, que, d'après Archimèdes, Aristarque de Samos a cru l'axe du soleil immobile, on peut objecter qu'Archimèdes n'a prétendu le soleil immobile, dans le sens d'Aristarque, que relativement à la terre; et ce qui rend d'autant plus vraisemblable qu'Aristarque croyait au mouvement du soleil, c'est qu'il admettait une grande année, laquelle ne pouvait provenir que de ce mouvement.

Au reste, dans le récensement des ouvrages de Proclus, Fabricius place comme le huitième Ὑποτύπωσις τῶν Ἀςρονομικῶν ὑποθέσεων, *hypotyposis astronomicarum positionum*, ou certain abrégé des principales choses rapportées par Hipparque, Aristarque et Ptolémée, avec lequel il n'est quelquefois point d'accord. Cet ouvrage a été imprimé à Bâle, en 1540, en grec, in-4°. George Valla l'a traduit en latin, et sa version a paru à Venise avec le Psellus, *de victûs ratione*, et autres, en 1498, in-folio. Elle a été publiée une autre fois à Bâle, avec une version latine de l'Almageste de Ptolémée, en 1541, in-folio. L'ouvrage de Proclus a aussi été traduit par Érasme Rudinger, de Bamberg, gendre de Joachim Camérarius. Proclus écrivit cet ouvrage lorsqu'il fut revenu de Lidie à Athènes, en faveur d'un ami qu'il avait laissé en Lidie, et qui, lors de son séjour dans ce pays, lui en avait témoigné le désir. Outre Aristarque, Hipparque et l'Almageste de Ptolémée, il y cite les Sphériques de Théodose, le mécanicien Héron ἐν τοῖς περὶ ὑδροσκοπείων, Timocharis, Agrippa, Ménélaüs et Apollonios de Perge. Lambecius, livre 8, page 129, range mal à propos cette *hipotipose* astronomique de Proclus parmi les ouvrages inédits. La partie de ce livre, page 69 et suiv., traite de la construction et de l'usage de l'astrolabe, et a été aussi imprimée séparément en latin, à Venise, en 1491, traduite par George Valla; et à Paris, en 1557, in-8°, avec l'astrolabe de Nicephore Grégoras. Elle a paru à la fin de l'ouvrage de

Jean-Martin Poblacion, sur l'usage de l'astrolabe (1).

Aristarque avait fait encore deux ouvrages sur l'arithmétique, comme le prouve l'existence d'un manuscrit de la bibliothèque de l'Escurial, dont on trouve l'extrait dans la *Bibliotheca Arabico-hispana Escurialensis, operâ Michaelis Casiri edita. tomus prior. Madriti*, 1760, *pag*. 345.

M. S. CMV.

Codex nitidè exaratus, anni notâ prætermissâ, quo continetur opus elementa astronomica complectens, in IX partes, sive tractatus distributum: auctore mathematico præstantississimo Abi-Mohamad-Giaber-Ben-Aflah, *hispalensi, quinto egiræ seculo nobili. Is quidem ex græcis Menelaüm, Theodosium et Ptolomæum laudat, præter Autolycum, Aristarchum, Hypsiclem, Hipparchum et alios, quorum scripta arabicè olim conversa fuisse novimus, testaturque arabica* PHILOSOPHORUM BIBLIOTHECA *luculentis hisce verbis:*

Menelaüs (fol. 360), etc.

Theodosius (fol. 92), etc.

Autolycus (fol. 82), etc.

Aristarchus (fol. 79), *Samius, Zaphæus* (*le-*

(1) Fabricius, *Bibl. græc. Hamburgi*, 1729, tome 8, page 518. On y trouvera d'autres détails sur le même objet.

gendum Zenonis sectator (1). *Inter illius opera extat liber* De arithmeticâ; *liber* De magnitudinibus et distantiis solis et lunæ, *quem arabicè vertit* Abuluapha Mohamad Ben Mohamad, *calculator, commentariisque et mathematicis demonstrationibus illustravit, auxitque; liber denique* DE NUMERORUM DIVISIONE.

Hypsicles (fol. 8), etc.

Hipparchus (fol. 78), etc.

Wallis, à la suite de son édition du livre d'Aristarque, sur les grandeurs et les distances du soleil et de la lune, place plusieurs propositions sur les nombres, qu'il attribue à Pappus d'Alexandrie, qui les avait peut-être tirées des livres d'Aristarque, traduits en arabe dans le manuscrit dont je viens de donner la notice; c'est ce qu'il serait curieux de vérifier. Au reste, la connaissance des propositions publiées par Wallis est nécessaire pour approfondir l'arithmétique grecque, et pour faire connaître les ressources que les calculateurs grecs tenaient de leur mauvaise numération.

---

(1) Je crois cette conjecture de Casiri, mauvaise, Aristarque n'ayant point été stoïcien, mais au contraire ennemi des stoïciens. J'aimerais mieux croire que *zaphæus* signifie né dans un lieu de ce nom de l'île de Samos.

OBSERVATIONS

SUR CETTE TRADUCTION.

Aristarque, qui n'avait jamais été traduit en français, avait besoin de paraître en cette langue pour en appeler lui-même du jugement qu'en porte M. Delambre dans son histoire de l'Astronomie ancienne, et j'espère que s'il ne trouve pas entièrement grace, il aura du moins fait accuser son juge d'une trop grande sévérité (1). Il est certain que si l'on s'arrête aux résultats obtenus par Aristarque, par exemple à celui qui dit que le soleil n'est qu'environ 19 fois plus éloigné de la terre que la lune, tandis que dans la réalité, il l'est plus de 400 fois, on peut se croire en droit de regarder ses calculs comme grossièrement erronés, et ne donnant pas une

(1) Montucla, dans son excellente Histoire des mathématiques, a mieux apprécié le mérite d'Aristarque.

idée avantageuse de leur auteur. C'est ainsi que M. Delambre les a jugés. Mais doit-on pour les erreurs qu'Aristarque a commises en astronomie, lui refuser ce qu'il mérite comme géomètre? N'est-ce pas d'ailleurs l'idée d'un homme de génie que celle du triangle rectangle formé, au moment de la dikhotomie, par le soleil, la terre et la lune, lorsqu'aucune base prise sur la terre ne pouvait se prêter à une pareille triangulation? L'inexactitude des principales hipothèses a entraîné celle des résultats. Aristarque suppose, par exemple, que l'angle à la terre diffère d'un angle droit de trois degrés, tandis qu'il n'en diffère que de 9′ à-peu-près: que la lune soutend la quinzième partie d'un signe, tandis qu'elle n'en soutend qu'environ la soixantième partie. Cette dernière erreur, si facile à rectifier en observant le tems que la pleine lune met à traverser un fil, ne semble-t-elle pas indiquer qu'Aristarque a admis ses hipothèses sans trop s'occuper de leur exactitude, et seulement pour s'en servir à donner une méthode de calcul dans laquelle il est impossible de ne pas reconnaître une rare sagacité? Il ne prend que des nombres ronds comme pour rendre son calcul plus facile: doit-on penser qu'il regardait ces nombres comme les véritables, ou comme des approximations? Il n'est pas difficile de résoudre affirmativement la seconde partie de cette question. Quoi qu'il en soit, pour un tems où la trigonométrie n'était point créée, les propositions de notre auteur ne sont pas moins remarquables géométriquement. Cette adresse de calculer deux rapports, l'un plus grand, l'autre plus petit que celui qu'on cherche quand on n'a point de moyens de le déterminer exactement, est on ne peut pas plus élégante et surtout ingénieuse. Aristarque aurait eu la gloire de trouver des approximations très-voisines des véritables distances du soleil et de la lune à la terre, si des observations astronomiques mieux faites lui eussent donné plus d'exactitude dans ses suppositions.

Au lieu de chercher, comme le fait l'historien moderne, une manière plus simple de démontrer la principale proposition d'Aristarque, si l'on s'en tient à celle de l'ancien géomètre, et que l'on y rectifie les hipothèses d'après les observations nouvelles, on sera conduit à des résultats très-rapprochés des véritables. On trouvera, par exemple, que la distance du soleil est à celle de la lune dans un rapport moindre que 400 à 1, et plus grand que 360 à 1; ce qui est, comme on voit, fort près de la vérité.

M. Delambre accuse encore Aristarque de n'avoir point su résoudre un triangle rectangle dont on connaît *les trois angles et un côté* (1). Sans nous arrêter au peu d'exactitude géométrique de cette expression, nous dirons qu'Aristarque ne connaît d'abord que les angles du triangle, et qu'il veut déterminer les limites de la proportion des côtés qui sont tous trois inconnus. Ce n'est qu'avec ces limites qu'il parvient à calculer celles de la distance de la lune, en prenant son diamètre pour unité. M. Delambre a donc commis une erreur dont il n'est pas juste qu'il charge Aristarque. Nous ajouterons encore qu'il ne fait nulle mention d'un solstice observé par Aristarque, l'an 281 avant l'ère chrétienne, et qui, par la comparaison qu'il en fit avec des observations plus anciennes, lui fit calculer la grande année formée par le retour des planètes aux mêmes points du ciel. A la vérité, Censorin, qui nous instruit de cette dernière particularité, nous donne des nombres dont il n'explique pas clairement l'unité, en sorte qu'il nous serait difficile d'en discuter l'exactitude.

J'observerai ici que c'est Ptolémée qui, dans sa Composition mathématique, connue sous le nom d'Almageste, livre III, chapitre 2, sur la

(1) Hist. de l'astron. anc., p. 76.

grandeur de l'année, nous apprend qu'Aristarque de Samos avait observé le solstice d'été dans la cinquantième année de la première période de Calippe, cent cinquante-deux ans après une observation semblable faite à Athènes par Méton et Euctémon sous l'archontat d'Apseudès. Or, cet archontat est placé par l'Art de vérifier les dates avant Jésus-Christ (tome 3, page 235) sous l'an 433, précisément 152 ans avant l'an 281, sous lequel le même ouvrage place l'an 50 de la première période de Calippe, dans la première des Tables Calippiques, placées à la fin du cinquième volume du même ouvrage, édition in-8°. Ainsi c'est bien sous l'an 281 qu'il faut placer l'observation d'Aristarque.

Il est bon d'observer encore ici que Ptolémée ajoute en cet endroit que cette cinquantième année de Calippe était la quarante-quatrième depuis la mort d'Alexandre. En effet, ce prince étant mort vers le solstice d'été de l'an 324, l'an 1 après sa mort a commencé alors; et c'est l'an 281, vers le solstice d'été, que l'an 44 a dû commencer aussi, ce qui confirme la date fixée pour cette époque par l'Art de vérifier les dates.

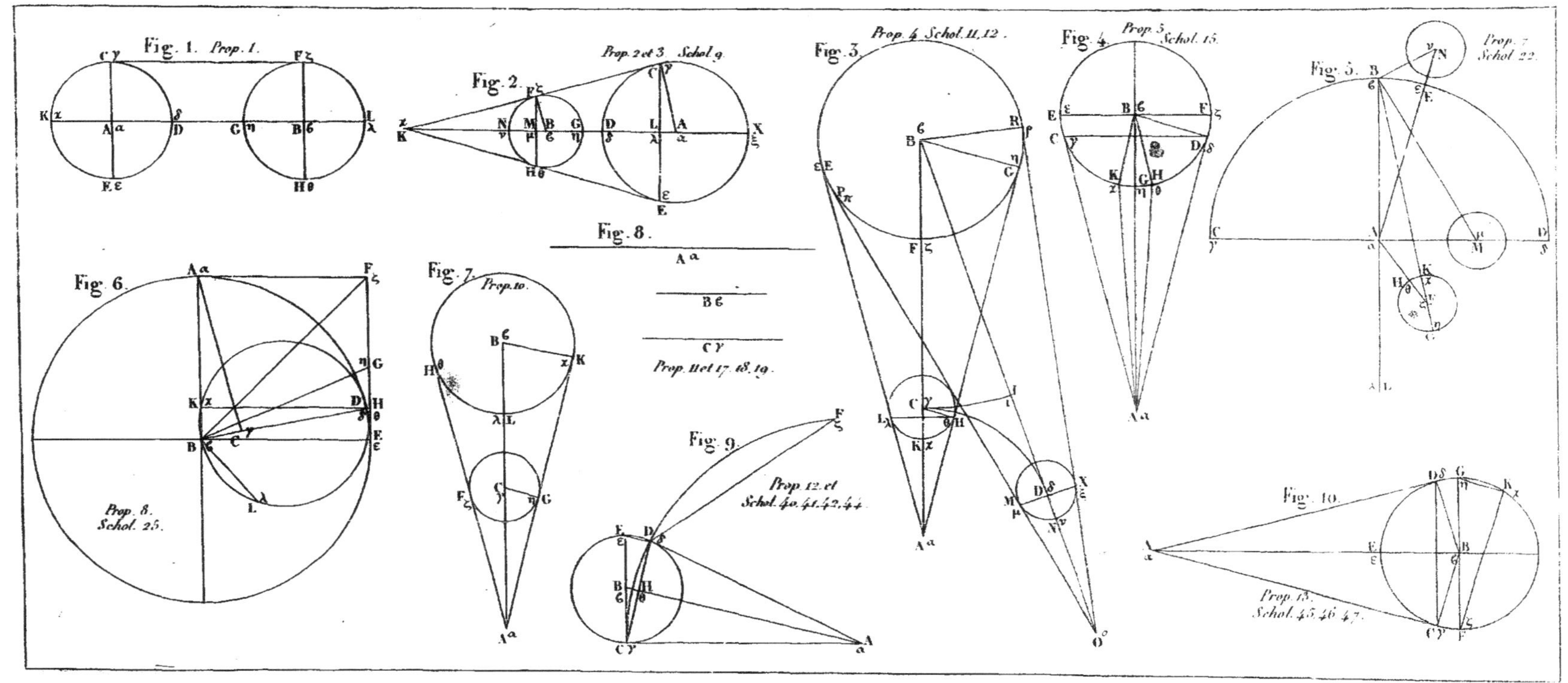
Fig. 1. Prop. 1.
Fig. 2. Prop. 2 et 3. Schol. 9.
Fig. 3. Prop. 4 Schol. 11, 12.
Fig. 4. Prop. 5 Schol. 15.
Fig. 5. Prop. 7 Schol. 22.
Fig. 6. Prop. 8. Schol. 25.
Fig. 7. Prop. 10.
Fig. 8. Prop. 11 et 17. 18. 19.
Fig. 9. Prop. 12. et Schol. 40. 41. 42. 44.
Fig. 10. Prop. 13. Schol. 45. 46. 47.

PLANCHE II.

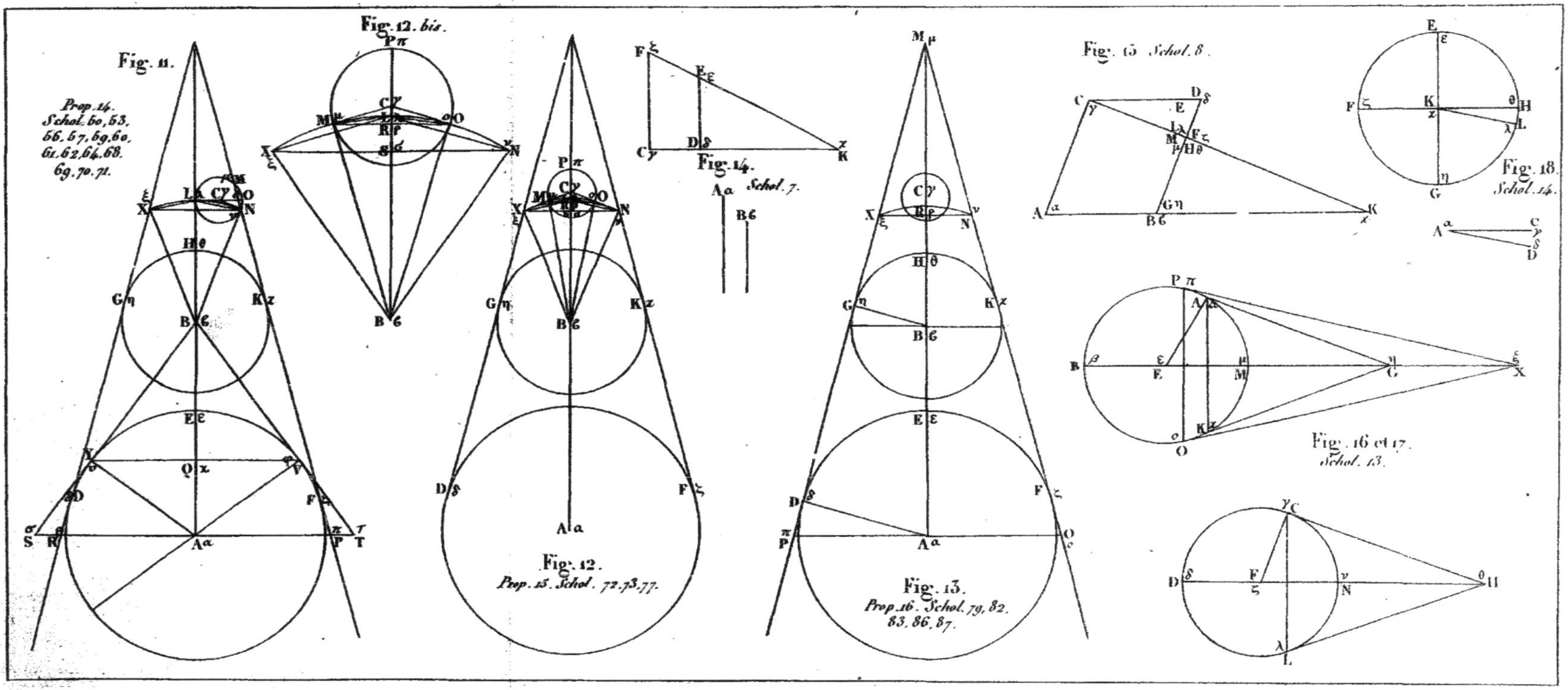

Fig. 11. Prop. 14. Schol. 50, 53, 56, 57, 59, 60, 61, 62, 64, 68, 69, 70, 71.

Fig. 12. bis.

Fig. 12. Prop. 15. Schol. 72, 73, 77.

Fig. 14. Schol. 7.

Fig. 13. Prop. 16. Schol. 79, 82, 83, 86, 87.

Fig. 15 Schol. 8.

Fig. 18. Schol. 14.

Fig. 16 et 17. Schol. 13.

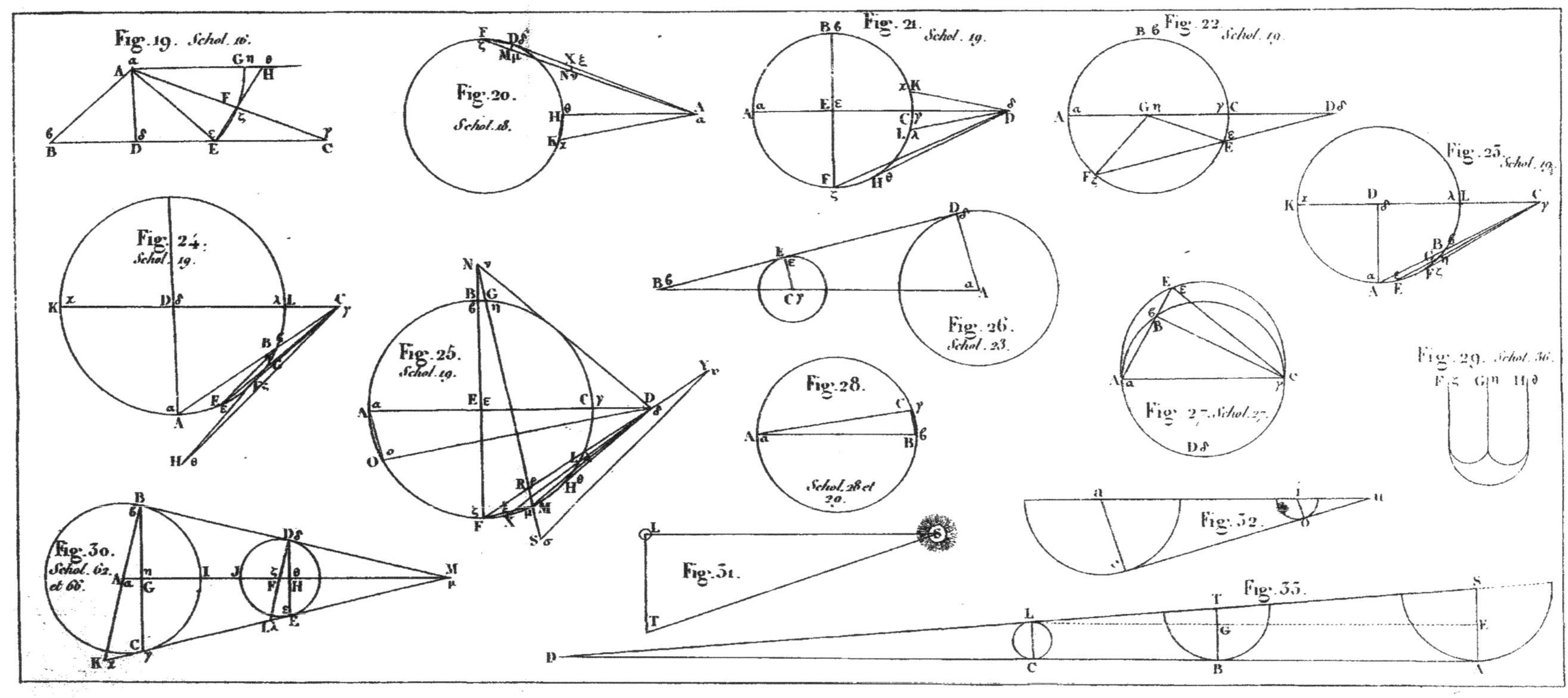
Fig. 19. Schol. 16.
Fig. 20. Schol. 18.
Fig. 21. Schol. 19.
Fig. 22. Schol. 19.
Fig. 23. Schol. 19.
Fig. 24. Schol. 19.
Fig. 25. Schol. 19.
Fig. 26. Schol. 23.
Fig. 27. Schol. 27.
Fig. 28. Schol. 28 et 30.
Fig. 29. Schol. 36.
Fig. 30. Schol. 62. et 66.
Fig. 31.
Fig. 32.
Fig. 33.

www.ingramcontent.com/pod-product-compliance
Ingram Content Group UK Ltd.
Pitfield, Milton Keynes, MK11 3LW, UK
UKHW021619260726
13965UKWH00007B/1109